ulmer

Janine Hissel
Liesa Rechenburg

WILDKRÄUTER IM HERBST UND WINTER

Frische Pflanzenkraft in der kalten Jahreszeit genießen

INHALT

Die andere Saison 5

Die Besten im Porträt 25

Was sonst noch im Winter wächst 107

Service 122

DIE ANDERE SAISON

Spitzwegerich im Winterschlaf

DIE WELT DER HERBST- UND WINTERPFLANZEN: Eine bescheidene Schatzkammer

Passt „Schatzkammer“ nicht eher zu einer üppigen bunten Sommerernte, wenn Pflanzen und Früchte für den kommenden Winter geerntet und eingelagert werden? Doch wer im Herbst und Winter nach kulinarischen Schätzen der Natur sucht, findet auch in dieser reduzierten Vegetationszeit sehr viel Wertvolles. Diese Wildpflanzen können in der dunklen Jahreszeit kostbare Bausteine für eine abwechslungsreiche und gesunde Ernährung sein.

BESONDERE ZEITEN FÜR WILDKRÄUTER

Spätestens wenn sich in der zweiten September-Hälfte Tag und Nacht gleichen, geht das Jahr in seine kalte Hälfte über. Andere sprechen vom Start in die dunkle Jahreszeit und damit von einer Zeit, die eher bedrückend als aufbauend und positiv ist. Der Mensch spürt, dass sich die Natur zurückzieht. In diesen Monaten suchen wir intensiv nach allem, was uns Zuversicht bringt. Wenn man sich umschaut, kann man auch in dieser Jahreszeit viel Positives finden, was hilft, gut durch den Winter zu kommen.

Mit den klimawandelbedingt zunehmend wärmeren Temperaturen haben die Pflanzen im Herbst und Winter heute mehr Chancen, groß zu werden. So haben sie mehr Wärme zur Verfügung, um eine neue Pflanze aus der Sommersaat zu entwickeln und können mit mehr Kraft in den Winter gehen. Vergleichbar mit dem zweiten Frühling spricht man jetzt von einer zweiten Wachstumsphase in der kalten Jahreszeit.

Wir zeigen Ihnen in diesem Buch die Herbst- und Winter-Schätze der Natur und welch kulinarische Bereicherung sie für uns sind. Und da unsere Nahrungsmittel auch unsere Heilmittel sein sollen (Hippokrates im 460-370 v. Chr.), sind heimische Blätter, Samen oder Früchte und Wurzeln vor allem im Herbst und Winter eine Wohltat. Zusätzlich bescheren sie uns ungewohnte Geschmackserlebnisse.

NATUR IM RÜCKWÄRTSGANG

Das Ende des Sommers ist zum Greifen nahe, wenn die ersten Spinnennetze in der Morgensonne leuchten, mit einzelnen Tautropfen garniert, die wie Diamanten strahlen. Die Natur selbst beginnt sich in Farben zu kleiden, die man aus der Hochzeit des Sommers nicht kennt, und schenkt uns eine Fülle an Blättern, Blüten und Früchten. Manche Farben kommen erst jetzt so richtig hervor, weil die Pflanzen das Chlorophyll in die Wurzeln senden und damit gelbe, orangefarbene und rote Töne stärker freigeben.

Hat die Pflanze am Ende ihrer Vegetationszeit ihr Ziel erreicht, zieht sie sich langsam, aber sicher zurück. Wertvolle Inhaltsstoffe schickt sie in die Wurzel, damit sie dort überwintern und im nächsten Jahr zur Bildung neuer Triebe verwendet werden können.

Daraus könnte man den Schluss ziehen, dass es sich nicht mehr lohnt, sich in der Natur umzuschauen, um Wildpflanzen für die Küche zu ernten. Dem kann man in mindestens drei Punkten widersprechen:

- Solange man **grüne Pflanzen und Nadeln** findet, bringt das kulinarisch eine große Bereicherung.
- Viele **Früchte** sind für Menschen und Tiere ein sehr lohnenswertes „Winterfutter". Solange diese Früchte noch knackig sind, stellen sie wertvolle Kostbarkeiten dar.
- **Wurzeln** sind eine echte Schatzkammer, erst recht im Herbst und Winter.

Es sind häufig Pflanzen, die aus der Sommersaat hervorgegangenen sind und die so lange wachsen, wie es die Jahreszeit erlaubt. Kürzere Tage und kältere Temperaturen machen ihnen zwar häufig das Leben schwer, aber sie setzen sich durch. Ab und an stehen sie auch wieder auf, wenn es die ersten Schneeflocken gegeben hat und die weiße Winterpracht die Pflanzen in die Knie zwingen will.

Die Schlehen zählen zu den größten Schätzen, die Herbst und Winter uns zu bieten haben.

FINDEN UND ERKENNEN IN DER KALTEN JAHRESZEIT

Wer im Sommer mit offenen Augen durch die Natur gegangen ist und sich gemerkt hat, wo bestimmte Pflanzen wachsen, der hat es jetzt leichter mit der Bestimmung. Während das Üppige mit dem nahenden Winter dahinzieht, müssen Augen und Geschmackssinne weit geöffnet werden, um die seltenen Schätze der Natur im Herbst und Winter zu finden. Blätter und ihre Stiele sowie die Stängel der Pflanze zeigen zwar noch die ihnen typischen Erkennungsmerkmale, jedoch viel bescheidener. Ideal ist es also, wenn man in einer Gegend sucht und findet, die aus der Hauptwachstumszeit bekannt ist.

So wie diese Gundermannblättchen recken sich die Pflanzen nach der Wintersonne.

Grundsätzlich gilt es, einige Merkmale für das Erkennen der „richtigen" Pflanzen im Herbst und Winter zu beachten, denn solange alles grün und knackig ist, kann auch geerntet werden, was bekannt ist:

- Das **äußere Erscheinungsbild**: Wuchsform, Blattform, -stiel und -stellung sowie Stängel – Merkmale, anhand derer man die Pflanze bestimmen kann. So werden zum Beispiel ein gezähntes Blatt, eine wechselständige Anordnung oder eine Fiederung immer die gleiche Erscheinung haben.
- Der **Standort** ist in der kalten Jahreszeit auch ein sehr verlässliches Kennzeichen. Die Vorliebe der Pflanzen für bestimmte Bedingungen kann helfen. So wie ein Dost niemals in feuchten Wiesen wachsen würde, lieben Schaumkräuter und Kressen Feuchtigkeit jeglicher Art.
- Welcher **Geruch** oder gar **Geschmack** kann bereits am Standort erkannt werden? Beides ist im Herbst und Winter nicht so stark ausgeprägt, aber das Typische ist trotzdem deutlich zu erkennen, wie beispielsweise das Bittere der Kresse, das Aromatische des Dosts oder das leicht Nussige der Vogelmiere. Wenn es feucht ist, können diese Sinne weniger überzeugt werden, weil zumindest der Geruch sehr unter dem Einfluss von Feuchtigkeit leidet.

Typische **Blatt- und Wuchsformen** führen auch im Herbst und Winter zu bekannten Wildkräutern. Labkräuter oder Wegeriche beispielsweise sind unverwechselbar in ihrem Wuchs. Andere kommen als nachgewachsene Blätter in besonders frischem Grün daher, wie etwa bei Brennnessel, Taubnessel, Vogelmiere oder Schafgarbe. Typische Würzpflanzen wie Pimpinelle, Dost oder Gundermann wachsen weiter mit ihren duftigen Blättern. Auch wenn die Blättchen kleiner sind, so sind sie doch an der markanten Form zu erkennen.

Blüten dagegen sind in der kalten Jahreszeit echte Mangelware. Es ist eine große Freude, ein Gänseblümchen zu entdecken oder gleich mehrere für einen leckeren Salat oder einen Drink. Manchmal findet man noch einen Trieb vom Franzosenkraut, der mit seinen kleinen weißen Blüten auf sich aufmerksam macht.

Bei der Suche nach **Wurzel-Delikatessen** sind im Herbst und Winter besondere „Spürnasen" im Vorteil. Wenn man vom Sommer her weiß, wo Wald-Engelwurz steht, wird man ebenfalls im Winter fündig, wenn nur noch wenige Blätter da sind. Andere Pflanzen zeigen, bereits getrocknet, stolz ihre unverkennbare Sommerpracht, wie zum Beispiel die Nachtkerze mit ihren trockenen Fruchtständen. Ihre Samen springen nach der Reife einfach heraus, die Pflanze bleibt stolz stehen und trotzt der Kälte. Sie zeigt eindeutig auf die Wurzel, die im Herbst eine ganz besondere Delikatesse ist. Der Löwenzahn dagegen lockt die Wurzelstecher mit wenigen seiner typischen Blätter an. Sie liegen rund um die Pfahlwurzel fast platt auf der Erde. Hier ist es ein Leichtes, mit Wurzeln und Blättern eine delikate Beute nach Hause zu tragen.

ERNTEN UND VERARBEITEN

In der kalten Jahreszeit stehen überwiegend Blätter und Stängel im Erntekalender. Man schneidet diese mit Messer oder Schere ab, um den verbleibenden Teil der Pflanze zu schonen. Früchte wie Vogelbeeren nimmt man vorsichtig ab. Die, die nicht für die Verarbeitung geeignet sind, verbleiben am Strauch, damit sich die Vögel daran erfreuen können.

Auch jetzt gilt: Der Mensch ist Gast in der Natur, er zeigt sich respektvoll und geht bewusst mit ihr um. Geschützte Pflanzen bleiben grundsätzlich unberührt.

LEBENSZEIT DER PFLANZE

EINJÄHRIGE: Nach dem Abwerfen der Samen gibt es kein Weiterleben für diese Pflanzen. Die noch vorhandenen Pflanzenteile können bedenkenlos geerntet werden.

EIN- BIS ZWEIJÄHRIGE: Sie blühen in der Regel im zweiten Jahr. Einjährig geerntet bilden sie keine Samen mehr aus. Im ersten Jahr kommen aus der Wurzel evtl. eine Blattrosette wie beim Hirtentäschel oder einzelne Blätter. Im zweiten Jahr bildet sich der Blütentrieb, aus dem heraus die Samen erwachsen. Die Pflanze stirbt dann ab.

Pflanzen wie die Wegeriche leben als Einjährige oder als Ausdauernde. Hier ist es ratsam, immer nur einen Teil der Blätter zu ernten. So kann die Pflanze weiterleben.

AUSDAUERNDE KRAUTIGE: Bei ihnen sollten Sie immer auf den Erhalt der Pflanze achten und entsprechend umsichtig ernten. So wächst die Schafgarbe an ihren Ausläufern, solange diese nicht beschädigt werden.

Pflanzen, die, wie der Volksmund sagt „unausrottbar“ sind, treten in der Regel in so üppiger Zahl auf, dass ihr Fortbestand nicht gefährdet ist. Dazu zählen Löwenzahn, Vogelmiere, Wegeriche, Sauerampfer oder Brennnessel. Hier können Sie ernten, was Sie aktuell brauchen. Diese Pflanzen haben entweder ein robustes Wurzelwerk oder sie haben sich schon reichlich mit ihrem Samen fortgepflanzt.

Bei der Wurzelernte geht man sehr umsichtig vor. Ist es feucht, lässt sich die Wurzel besser vom Boden trennen. Ein Wurzelstecher (kräftiger Metallspaten, schmal, scharfkantig, ca. 25 cm lang) hilft, schonend vorzugehen. Man sticht

Löwenzahn, Giersch, Brennnesseln und Taubnesseln – eine köstliche Auswahl mitten im Winter.

zunächst die Erde in einem Abstand von ca. 10 cm rund um die Pflanze ab und holt dann den gesamten Wurzelballen heraus. Wurzelstücke, die im Boden bleiben, bedeuten für die Pflanze in der Regel „überleben". Man holt den Ballen heraus, entfernt vorsichtig die Erde und nimmt Wurzel und Blätter mit. Das gegrabene Loch wird mit Erde und Blättern geschlossen.

MIT VORSICHT ERNTEN

Ernten Sie immer mit einem Messer oder einer Schere und nehmen Sie nur so viel, wie Sie auch tatsächlich verbrauchen können. Stoffbeutel oder Plastikschachteln bieten einen guten Schutz bis zur Verarbeitung zuhause. In einem luftigen Rucksack oder Korb werden die Pflanzen nicht gedrückt. Die Empfindsamkeit der Blätter ist in der kalten Jahreszeit um ein Vielfaches höher.

SOFORT WEITERVERARBEITEN

Daheim angekommen werden die Pflanzenteile sofort sortiert und gründlich kalt gewaschen. Unter Umständen ist es ratsam, **Blätter** mit etwas Rohrohrzucker in viel kaltem Wasser 15–30 Minuten liegen zu lassen. So können sie sich etwas stärken und wieder stabiler werden. Nach dem Absieben der Blätter werden sie in einer Salatschleuder oder in einem Tuch vom überschüssigen Wasser befreit. So können sie eventuell in einer luftdicht verschlossenen Box im Kühlschrank bis zur Zubereitung lagern.

Früchte werden daheim verlesen, unter Umständen gewaschen und weiterverarbeitet. Können sie nicht unmittelbar verwertet werden, sollten sie verlesen und dann trocken und kühl aufbewahrt werden.

Wurzeln werden unter fließendem Wasser mit einer Bürste gereinigt. Ist die Schale nach dem Waschen nicht beschädigt und zeigt keine Fraß- oder befallenen Stellen, kann sie mitverarbeitet werden. Im Zweifel kann sie fein abgeschält werden. Gereinigte Wurzelstücke, die nicht in die Zubereitung gehen (auch die Schale), können getrocknet und gemahlen für Kräutersalze dienen.

DAS BESONDERE GESCHMACKSERLEBNIS

Wildpflanzen sind in der kalten Jahreszeit echte Hingucker oder besser „Hinschmecker". Sie bieten mit ihren Bitter- und Gerbstoffen sowie den ganz speziellen Aromen eine wunderbare Abwechslung im Herbst und Winter.

Wichtig für die Zubereitung ist es, ein Blatt oder ein Stück Wurzel erst einmal zu probieren. Ist der Anteil an Bitter- und Gerbstoffen hoch oder ist die Pflanze sehr scharf, gilt es, eine so gute „Verpackung" zu zaubern, dass man beim Essen zunächst etwas Gewohntes schmeckt, bevor die ungewohnten Bitter- oder Gerbstoffe auf die Geschmacksknospen treffen. Wie kann das gehen?

DER ULTIMATIVE WILDKRÄUTERGENUSS

1. Blätter oder Wurzeln werden umgeben mit einer Hülle aus:

- Teig (z. B. bei gebackenen Wildkräuterblättern),
- Vinaigrette (z. B. bei Wildkräutersalat oder Gurkensalat mit Schafgarbensahne),
- Käse, Butter, Öl (z. B. beim Wildkräuterrisotto),
- Fleisch, Fisch (z. B. bei Buletten oder Strudel),
- mildem Gemüse (z. B. bei der vegetarischen Lasagne).

Damit geht der Geschmackssinn zunächst den Umweg über das Gewohnte und kommt dann erst auf den typischen, jedoch ungewohnten Wildkräutergeschmack. Auf diese Weise werden das würzig-herb-bittere Schafgarbenblatt oder die scharf-bitteren Schaumkräuter zu einem Hochgenuss.

2. Typische Gewürze und andere Tricks, um Wildpflanzen aus der Reserve zu locken:

- Eine große Rolle spielt die Zitrone. Die Säure aus dem Saft und die ätherischen Öle der Schale sind für Wildkräuter eine ideale Ergänzung und Abrundung. So ist die Scheibe Zitrone beim Blanchieren nicht nur eine Frage der Farberhaltung, sondern auch der Geschmacksabrundung. Bei der Pesto- oder Butterherstellung ist die Zitrone das i-Tüpfelchen.

Zarte Blätter bleiben ganz, andere werden fein oder grob geschnitten.

- Wildkräuter müssen immer gut abgeschmeckt werden. Das heißt auch: nicht zaghaft, sondern kräftig. Dazu verwendet man:
    - frischen Pfeffer aus der Mühle oder aus dem Mörser;
    - Pfeffersorten mit besonderen Geschmacks- oder Aromaschwerpunkten, die frisch im Mörser in die gewünschte Körnung gebracht werden, wie beispielsweise Timut Pfeffer (wildwachsend mit fruchtig-leichter Schärfe, die an Grapefruit und Orange erinnert) oder Andaliman Pfeffer (auch ein wildwachsender mit Zitrus- und Korianderaroma) oder Tasmanischer Pfeffer (der Australische Bergpfeffer entfaltet sich zunächst süß, um dann eine intensive fruchtige Schärfe zu entwickeln);
    - Chili, das nicht mit seiner Schärfe alles überdeckt: Piment d'Espelette aus dem Baskenland, die dezente Schärfe lässt den Speisen ihr eigenes Geschmacksprofil;
    - bei Curry-Arten den würzig-scharfen Madras- oder Thai-Curry mit einer orientalischen Note oder Purple Curry (mit roter Farbe durch Hibiskusblüten, mit fruchtig scharfer Note und fein-säuerlichem Aroma);
    - grünes Paprikapulver für Schärfe und Farbe oder ein Paprika Niora (mit erdig-fruchtigem Aroma ohne jede Schärfe).
- Wenn man mit sehr intensiven Zutaten wie Knoblauch oder Ingwer arbeitet, kann der Eigengeschmack der Wildkräuter völlig untergehen. Hier gilt also: Vorsicht, erst überlegen und dann würzen!
- Die wohlbekannten Gewürze oder Samen von Kräutern, die der Verdauung guttun, wie Kümmel, Anis, Fenchel unterstreichen den Geschmack der Wildkräuter, wenn es passt. Bei Fleisch kann Kümmel geeignet sein, bei Fisch Anis oder bei Gemüse Fenchel, wobei es auf die Zusammensetzung der Speisen ankommt.
- Es ist immer gut, dem eher Bitteren einen Gegenpol in Form von etwas Süßem anzubieten. Das kann eine Prise Zucker oder ein Hauch Honig oder vielleicht ein Teelöffel selbst gemachtes Gelee sein.

Damit der besondere Geschmack der Wildkräuter zur Geltung kommt, ist es jedoch wichtig, die Kräuter nicht durch Gewürze zu überdecken und sie vorsichtig mit anderen Lebensmitteln zu kombinieren. So steht dem ultimativen Wildkräutergenuss nichts mehr im Wege.

WILDES ZÄHMEN UND GENIESSEN: Grundrezepte

Dieses Buch soll Wildkräuterhungrige nicht nur neugierig auf frisches Grün in der kalten Jahreszeit machen, sondern auch die Lust wecken, einfach mal etwas auszuprobieren.

Wildkräuter können einzeln oder als Mischung verwendet werden. Wenn Sie eine Pflanze „solo" verwenden, beschäftigen Sie sich am besten intensiv mit ihr, um ihre Geschmacksqualitäten kennenzulernen. Wenn die Ernte nicht so üppig ausfällt oder Sie Lust auf einen bunten Mix haben, kombinieren Sie verschiedene Kräuter. So können Sie Blätter, Stängel und Wurzeln verarbeiten:

ROH & KALT, IM GANZEN: Wildkräuter pur in Salaten.

ROH & KALT, GESCHNITTEN: Dadurch können der spezielle Geschmack und die typischen Aromen gut hervorgeholt werden. Man kann die Kräuter fein oder grob schneiden für Smoothies, Pesti, Senfe, Butter, Aufstriche oder Ansätze mit Öl oder Essig.

GAR & WARM, IM GANZEN: Das ganze Blatt wird blanchiert und mit Lebensmitteln kombiniert. Die Blätter werden gefüllt oder eine Form wird mit ihnen ausgekleidet, um sie mit Farce, Gemüse oder Getreide zu füllen. Spieße, Steaks oder Rouladen können mit Blättern variiert werden. Außerdem können Wildkräuter in Bierteig oder Ähnlichem ausgebacken werden.

GAR & WARM, GESCHNITTEN: Die blanchierten oder rohen Kräuter werden geschnitten und verwendet in: Kartoffel-, Gemüse-, Fleisch-, Fischgerichten, Quiche oder Tarte.

GAR & KALT, GESCHNITTEN: Die blanchierten oder rohen Kräuter werden geschnitten und verwendet in: Backwaren und Feinkost wie Chutney, Gremolata oder Granola.

Frisches Grün

Wilder Wintersalat

Eine sämige Vinaigrette, die sich um die Wildkräuterblätter legt, ist für diesen Salat besonders gut geeignet. Die etwas herbere Note des Winters kann so bestens überspielt werden.

ZUBEREITUNGSZEIT: CA. 20 MINUTEN
FÜR 4 PORTIONEN ALS BEILAGE

SALATBLÄTTER

6–8 Handvoll Wildkräuter- und Salatblätter, mundgerecht zerkleinert
zarte Kräutlein, wie Vogelmiere oder Gänseblümchen extra legen
einige Blätter der Wildkräuter wie Brennnessel, Dost, Löwenzahn, die nicht so schön sind, für den Mixer

VINAIGRETTE

4 EL Essig
¼ TL Salz
Pfeffer, frisch gemahlen
1 kleine Zwiebel, grob gewürfelt
1 TL Senf
½ TL Sirup oder Gelee oder Honig
6 EL Rapsöl
Für die Sämigkeit: 1 gekochte Kartoffel oder 1 Apfel oder 1 Birne
Zur „Verlängerung“: Apfelsaft oder Gemüse- bzw. Kartoffelbrühe

- Alle Zutaten für die Vinaigrette in einen Mixer oder in ein hohes Gefäß für den Zauberstab füllen. Einige Kräuter hinzufügen, damit die Vinaigrette etwas grün wird. Alles fein mixen. Kräftig abschmecken.
- Salat erst kurz vor dem Servieren anrichten. Dazu Blätter und Vinaigrette sehr gut vermengen. Es reicht nicht, die Blätter auf einem Teller anzurichten und die Sauce darüberzuträufeln.
- Die Vinaigrette ist im Kühlschrank bis 4 Tage haltbar.

VARIANTEN

DIE ROTE: mit Rotweinessig, rotem Gelee oder Konfitüre (von Schwarzen Johannisbeeren oder Preiselbeeren) oder rotem Saft, als Gewürz Hibiskus-Curry

DIE SCHARFE: mit frischer Chili in Scheiben, scharfem Senf, Cayenne-Pfeffer, gekochter Kartoffel und Gemüsebrühe

DIE SANFTE: mit je 1 Stück Banane und Apfel für die Sämigkeit, nur leicht würzen, evtl. Zitrone als Säure

Raffiniert kombiniert

Wildkräuter-Pesto

In diesem Beispiel werden Labkräuter verwendet, diese lassen sich hervorragend als Pesto konservieren. Es können aber auch andere Wildkräuter verwendet werden.

ZUBEREITUNGSZEIT: CA. 30 MINUTEN

FÜR 2 GLÄSCHEN Á 200 ML

100 g Mandeln, grob gehackt oder gemahlen
3 Handvoll Labkraut, fein geschnitten
100 ml Öl (Olivenöl oder Rapsöl) mit etwas Nussöl gemischt, je nach Geschmack
100 g Hartkäse, frisch gerieben (je „härter" desto besser)
Salz
Pfeffer, frisch gemahlen
Piment d'Espelette
1 Bio-Zitrone, Schalenabrieb und Saft

- Mandeln in einer beschichteten Pfanne trocken rösten, gut rühren. Wenn sie anfangen zu duften, sofort aus der Pfanne nehmen, denn sie dunkeln noch nach.
- Labkraut, Öl und Käse gut vermischen. Mandeln, Gewürze und Zitrone unterheben und gut abschmecken.
- In Gläser mit Schraubverschluss füllen, so ist Pesto im Kühlschrank 2–4 Wochen haltbar. Die obere Schicht immer mit etwas Öl begießen, damit Farbe und Geschmack erhalten bleiben.

TIPPS

- Eine unregelmäßige Konsistenz macht ein Pesto interessanter, also die Nüsse hacken.
- Bei den Nüssen kann man frei wählen. Klassisch, aber teuer sind Pinienkerne. Mal anders: Mandeln mit wenigen Walnüssen mischen. Macadamia – teuer, aber interessant, auch zum Mischen. Mandeln sind etwas feiner im Geschmack als Haselnüsse – beide passen gut zu Wildkräutern. Haselnüsse – Achtung bei Allergien. Mandeln sind da weniger gefährlich.
- Wollen Sie den Geschmack der Wildkräuter hervorheben, wählen Sie eher ein geschmacksneutrales Öl. Olivenöl setzt sich gerne über die Aromen der Wildkräuter. Mit einem Teil aromatischem Nussöl kann das Nussige gut unterstrichen werden.
- Zitrone gibt dem Kräuter-Pesto eine schöne, grüne Farbe und rundet den Geschmack ab.
- Die Mengenverhältnisse können variiert werden, je nachdem, zu welchem Gericht Sie Pesto servieren. Zu Spaghetti ist es etwas flüssiger beliebt, zu Käse oder Brot kann es eine festere Konsistenz haben.

Überraschender Genuss

Senf mit Nadeln oder Kräutern

Selbst hergestellter Senf, mit Tannen- oder Fichtennadeln oder mit Wildkräutern verfeinert, ist eine besondere Delikatesse.

ZUBEREITUNGSZEIT: CA. 45 MINUTEN
FÜR 6 GLÄSCHEN Á 50 ML

70 g Nadeln von Fichte oder Tanne, gemahlen
oder 4–6 EL Wildkräuter, sehr fein geschnitten
30 ml Essig, mild
ca. 75 ml Weißwein
60 g Senfsamen, gemahlen
6–10 Pfefferkörner, gemahlen
15 g flüssiger Honig
1 gestrichener TL Meersalz

- Nadeln oder Wildkräuter mit Essig und Wein mischen. Die Nadeln einmal kurz aufkochen und erkalten lassen.
- Alle Zutaten mit der Senfsaat gut verrühren, eventuell noch etwas Wein hinzufügen, falls der Senf zu fest ist, und gut abschmecken. In Gläschen füllen und mindestens 2 Wochen ziehen lassen.

TIPPS

- Das Abschmecken ist in dem frischen Zustand recht schwierig, weil die Senfkörner ihre Schärfe erst im Laufe von Tagen und Wochen entwickeln. Würzen Sie mit Mut, denn Senf darf etwas scharf sein.
- Senfkörner dürfen beim Zerkleinern und Mixen nicht wärmer als ca. 30 °C werden, da sie sonst Bitterstoffe bilden und entsprechend schmecken.
- Vorsicht, die Schärfe der Senfkörner entwickelt sich erst nach frühestens 14 Tagen. Gläser also bis zur Genussreife ziehen lassen.
- Luftblasen, die beim Einfüllen der Gläser entstehen, herausklopfen, bevor die Gläser verschlossen werden.
- Wenn die Gläser während der „Reifezeit“ ab und an auf den Kopf gestellt werden, fördert das den Reifeprozess.
- Gläser müssen kühl, aber nicht im Kühlschrank stehen (nur, wenn sie später geöffnet sind). Kühl und trocken gelagert ist der Senf mehrere Monate haltbar.

Senfvariationen

KRÄUTER, WURZELN ODER NADELN	GEWÜRZE	ANSTATT ODER WEITERE ZUTATEN
Weißtannennadeln	Andaliman Pfeffer	statt Essig: Schale und Saft einer Orange
Knoblauchsrauke	Weißer Pfeffer	eine kleine Knoblauchzehe kann das Aroma verstärken
Engelwurzblätter und -wurzeln	Timut Pfeffer	statt Essig: Schale und Saft einer Zitrone
Löwenzahnblätter	Grüner Pfeffer	Kresse, fein geschnitten, dazugeben
Gemischte Kräuter	Grüner Pfeffer	Meerrettich, frisch gerieben, dazugeben
Gemischte Kräuter	etwas Honig und Weißer Pfeffer	Ingwer, frisch gerieben, oder Meerrettich, frisch gerieben, dazugeben
Dost	frischer Frühlings-Pfeffer	statt Essig: Zitrone und/oder Orange (Saft und Schale)

Gebacken knusprig

Quiche und Tarte

Wenn Sie es lieber vegetarisch möchten, lassen Sie den Bacon einfach weg.

ZUBEREITUNGSZEIT: CA. 30 MINUTEN
+ 60 MINUTEN RUHEZEIT + 45 MINUTEN BACKZEIT

FÜR EINE TARTEFORM (Ø 26–28 CM)

TEIG

250 g Vollkornmehl (Dinkel oder Weizen)
125 g kalte Butter
1 Ei
1 TL Salz
2–3 EL kaltes Wasser
Zum Blindbacken:
getrocknete Hülsenfrüchte

FÜLLUNG

1 EL Rapsöl
120 g Bacon, fein gewürfelt
1 große Schalotte, fein gewürfelt
1 Knoblauchzehe, sehr fein geschnitten
4 Handvoll Wildkräuter, grob geschnitten
3 Eier
200 g Crème fraîche
100 ml Sahne oder Milch
Salz
Schwarzer Pfeffer, frisch gemahlen
Muskatnuss, frisch gerieben
150 g Bergkäse, frisch gerieben

- Teigzutaten zügig verkneten und mindestens 1 Stunde kühl stellen.
- Währenddessen Öl in einer Pfanne erhitzen und Bacon darin leicht anbraten, herausnehmen, Schalotte und Knoblauch kurz im Baconfett anbraten. Wildkräuter hinzufügen und zusammenfallen lassen.
- Backofen auf 180 °C Ober-/Unterhitze vorheizen.
- Teig auf einer bemehlten Arbeitsfläche ausrollen, in die gefettete Quiche- oder Tarteform legen, einen Rand formen und einige Male mit der Gabel einstechen, Backpapier auflegen und getrocknete Hülsenfrüchte darauf verteilen.
- Auf mittlerer Schiene 15 Minuten blindbacken, herausnehmen, Backpapier und Hülsenfrüchte herunternehmen.
- Wildkräutermischung und Bacon auf dem Teig verteilen.
- Eier mit Crème fraîche, Sahne oder Milch verrühren und gut würzen. Diese Mischung vorsichtig über die Quiche gießen.
- Bergkäse daraufgeben und die Quiche im Backofen auf mittlerer Schiene ca. 30 Minuten backen, bis sie goldbraun ist.

Gerollt oder ausgelegt

Strudel oder Lasagne

Die Basismischungen können Sie nach Herzenslust kombinieren und auch für andere Füllungen nutzen.

Wildkräutermischung

ZUBEREITUNGSZEIT:
CA. 30 MINUTEN

5 Handvoll Wildkräuter
1 Scheibe Zitrone
2 EL Rapsöl
1 Zwiebel, fein gewürfelt
Salz, Pfeffer, frisch gemahlen, Muskat, frisch gerieben, Piment d'Espelette

- Zarte Kräuter fein schneiden. Etwas derbere Blätter in Salzwasser mit einer Scheibe Zitrone blanchieren und fein schneiden, dabei dicke bzw. harte Stiele, Blattadern und Stängel entfernen.
- Zwiebel in Öl dünsten, etwas Farbe nehmen lassen, dann die Wildkräuter hineingeben, zusammenfallen lassen und würzen.

Gemüsemischung

ZUBEREITUNGSZEIT:
CA. 45 MINUTEN

1 Zwiebel
1 Petersilienwurzel
1 Pastinake
1 kleine Sellerieknolle
2 Möhren
1 Kohlrabi
1 Paprika
8 EL Rapsöl
Salz, Pfeffer, frisch gemahlen, Muskat, frisch gerieben, Piment d'Espelette

- Gemüse würfeln und einzeln in der Pfanne in Rapsöl knackig anbraten, jeweils würzen, vermischen.

Fleischmischung

ZUBEREITUNGSZEIT:
CA. 30 MINUTEN

1 altbackenes Brötchen
600 g Rindergehacktes
2 Eier
Salz, Pfeffer, frisch gemahlen, Muskat, frisch gerieben, Piment d'Espelette

- Das Brötchen in warmem Wasser einweichen.
- Rindergehacktes in eine Schüssel geben, das eingeweichte, ausgedrückte Brötchen, Eier und Gewürze hinzufügen, gut vermengen und abschmecken.

Fleisch-Gemüse-Strudel

ZUBEREITUNGSZEIT:
CA. 30 MINUTEN + 40 MINUTEN BACKZEIT
FÜR 4 PORTIONEN (2 STRUDEL)

2 Platten Strudelteig, ca. 250 g, TK
60 g Butter
1 × Wildkräuter-, 1 × Gemüse- und 1 × Fleischmischung
Salz, Pfeffer, frisch gemahlen, Muskat, frisch gerieben, Piment d'Espelette

- Strudelplatten nach Anleitung auftauen.
- Backofen auf 180 °C Ober-/Unterhitze vorheizen.
- Strudelplatten auf die Arbeitsfläche legen. Je nach Teigstärke ist es ratsam, zwei Lagen übereinander zu legen. Blätter am äußeren Rand mit flüssiger Butter bestreichen.
- Füllung in entsprechender Menge zusammenfügen, gut vermengen, kräftig abschmecken.
- Die Hälfte der Füllung auf einem Strudelblatt so verteilen, dass rundherum 2–4 cm freibleiben (was mit flüssiger Butter bestrichen ist). Die Ränder nach innen schlagen und den Strudel aufrollen. In eine feuerfeste Form legen und mit flüssiger Butter bestreichen. Ebenso den zweiten Strudel herstellen.
- Im Backofen 35–40 Minuten backen, nach 30 Minuten auf 160 °C herunterstellen. Eventuell zur Garprobe das Bratenthermometer benutzen und sich an der Rindfleischtemperatur orientieren.
- Den Strudel sofort heiß servieren. Für ein Picknick oder eine Party abkühlen lassen und dann kalt servieren.

Veggie-Strudel

ZUBEREITUNGSZEIT:
CA. 30 MINUTEN + 40 MINUTEN BACKZEIT
FÜR 4 PORTIONEN (2 STRUDEL)

2 Platten Strudelteig, ca. 250 g, TK
60 g Butter
200 g Schafskäse, zerbröselt
1 × Wildkräuter- und 2 × Gemüsemischung
1 altbackenes Brötchen
2 Eier
Salz, Pfeffer, frisch gemahlen, Muskat, frisch gerieben, Piment d'Espelette

- Zubereitung wie Fleisch-Gemüse-Strudel, den Schafskäse auf der Gemüse-Kräuter-Mischung zerbröseln. Dann den Strudel aufrollen und mit flüssiger Butter bestreichen.

Lasagne

ZUBEREITUNGSZEIT:
CA. 60 MINUTEN + 50 MINUTEN BACKZEIT
FÜR 4 PORTIONEN

250-300 g Lasagneblätter
1 × Wildkräuter-, 1 × Gemüse- und 1 × Fleischmischung
½ l helle Béchamelsauce mit Vollkornmehl, sehr gut abgeschmeckt
100 g Bergkäse, gerieben
Salz, Pfeffer, frisch gemahlen, Muskat, frisch gerieben, Piment d'Espelette

- Backofen auf 180 °C Ober-/Unterhitze vorheizen.
- Die Wildkräutermischung je zur Hälfte unter das Fleisch und unter das Gemüse geben.
- Nun abwechselnd Fleischmischung, Lasagneplatten, Béchamelsauce und Gemüsemischung einlegen.
- Mit Béchamelsauce und geriebenem Käse abschließen. Im Backofen 45–50 Minuten backen. Mit dem Fleischthermometer messen, ob die gewünschte Kerntemperatur beim Rindfleisch erreicht ist.

VARIANTEN

Auch hier kann eine Veggie-Variante mit doppelter Gemüsemischung und 200 g Schafskäse statt der Fleischmischung zubereitet werden.

Kreativ Wildes

Chutney

Chutney macht süchtig. Ganz gleich, welche Kräuter Sie finden, es wird eine wunderbar köstliche Mischung dabei herauskommen. Je feiner alle Zutaten geschnitten werden, desto feiner wird das Chutney.

ZUBEREITUNGSZEIT: CA. 90 MINUTEN

FÜR 4-6 GLÄSCHEN Á 200ML

2 dicke Zwiebeln, fein geschnitten
4 EL Rapsöl
50 ml Apfelsaft oder Gemüsebrühe
50 ml Wildkräuteressig oder heller Balsamico
1 Möhre, fein gewürfelt
1 Kohlrabi, fein gewürfelt
1 Stück Sellerie, fein gewürfelt
5 Handvoll Wildkräuter, fein geschnitten, evtl. mischen mit glatter Petersilie und/oder Spinat und/oder Feldsalat
1 EL Holunder- oder anderen Sirup
Piment d'Espelette
Grünes Paprikapulver, scharf
Weißer Pfeffer, frisch gemahlen
Salz

- Zwiebelwürfel in 2 EL Öl glasig dünsten, mit Apfelsaft und/oder Gemüsebrühe sowie Essig ablöschen.
- Gemüsewürfel in 2 EL Rapsöl etwas anbraten, so dass sie Röstaromen entwickeln, darauf achten, dass die Würfel noch Biss haben.
- Dann alle Zutaten, auch die Kräuter, zusammenfügen.
- Unter Rühren alles aufkochen und die Flüssigkeit langsam einkochen lassen. Das kann auch schon mal bis zu 1 Stunde dauern, alle Zutaten müssen eine sämige Masse ergeben.
- Abschmecken, abfüllen, beschriften.
- Haltbarkeit geschlossen: 2 Wochen; geöffnet: 3–4 Tage im Kühlschrank.

TIPPS

- Für eine längere Haltbarkeit erhöhen Sie die Essigmenge oder, wenn Sie es nicht so sauer mögen, geben Sie abschließend etwas Agar-Agar nach Packungsanleitung dazu. Gelierzucker geht auch. Diese Zutaten mildern den Geschmack und die Schärfe. In dem Fall etwas kräftiger würzen.
- Man kann dem Chutney auch 1 TL Kurkuma hinzufügen, dann wird die Farbe grungelblich und bleibt auch auf Dauer erhalten.

DIE BESTEN IM PORTRÄT

Die Rote Taubnessel vom Frost verzaubert

Ackerhellerkraut

Thlaspi arvense • Aromatisch Grasig

Wenn es der Winter zulässt, sind die Blätter vom Ackerhellerkraut, auch Ackertäschelkraut genannt, wahre Schätze für den Gaumen. Ein Hauch Knoblauch, gepaart mit der feinen Bitternis des Ackerhellerkrauts, erfreut unsere Geschmacksknospen, was gerade im Herbst und Winter wichtig ist.

ERKENNEN IN DER KÄLTE

- Erkennungsmerkmal sind auch in der kalten Jahreszeit die typischen Blätter: Die unteren sind gestielt, die oberen dagegen sitzen an den Stängeln und umfassen ihn quasi wie ein Pfeil, sie sind länglich oder auch schmaler bis verkehrt-eiförmig. Ihr Rand kann eventuell gezähnt sein. Ihre Farbe ist sattgrün, wenn die Jahreszeit es zulässt.
- Ackerhellerkraut ist häufig in Gesellschaft vom Hirtentäschel (*Capsella bursa-pastoris*) und von Wegerichen (*Plantago*) zu finden. Acker- und Waldränder, die nährstoffreich und oft lehmig sind, zählen zu den Lieblingsplätzen – dort wird man im Winter bestimmt fündig.

ÄHNLICHE PFLANZEN

Ohne die typischen Früchte, die geflügelten Schötchen, ist es in den Winterblättern mit dem Hirtentäschel (*Capsella bursa-pastoris*) zu verwechseln, ebenso wie mit der Feld-Kresse (*Lepidium campestre*). Beide sind essbar.

SAMMELN UND VERWENDEN

- Man kann alle Teile ernten und verwenden, die grün sind: Blatt und Stängel.
- Die kleinen Blütentrauben mit je 4 weißen Blütenblättern sind eine Delikatesse. Das gilt auch für die kleinen, breit geflügelten Schötchen – so sie noch schön grün sind.

KULINARISCHES

Fallen die Winter mild aus, zählt das Ackerhellerkraut zu den Pflanzen, die uns das ganze Jahr über begleiten und den Grünanteil in unserer Ernährung entscheidend verbessern können. Beim Zerreiben der Blätter erinnert der Duft an Rettich und Senf. Zerkaut man sie, kommt außer dem Bitterstoff eine leichte Schärfe heraus. Es schmeckt also bitter, würzig und aromatisch.

ZUBEREITUNG KALT: Die Blätter mischen einen Supermarkt-Salat wunderbar auf. Für Smoothies und alle kalten Speisen kommt die Würze im Herbst und Winter gerade recht.

ZUBEREITUNG WARM: Für warme Gerichte können klein geschnittene Blätter mit ihren Bitterstoffen den Geschmack und die Verdauung positiv beeinflussen. Ein frisch gebackenes Hefebrötchen lässt mit den grünen Stücken vom Ackerhellerkraut ein Genuss-Aha erleben.

Wildkräuter-Hummus

Ein beliebter veganer Brotaufstrich oder Dip, der durch das Ackerhellerkraut eine besondere Note bekommt. Probieren Sie das Rezept auch mal mit einer Mischung verschiedener Wildkräuter.

ZUBEREITUNGSZEIT: CA. 20 MINUTEN
FÜR 12 PORTIONEN

2 EL Ackerhellerkraut, fein gehackt, einige ganze Blättchen oder Früchte für die Deko
250 g Kichererbsen, vorgegart, abgetropft
10 EL Olivenöl
1 Zitrone, gepresst
3 EL Tahini
1 Prise Kreuzkümmel
1 TL Salz

- Alle Zutaten miteinander pürieren, bis eine cremige Masse entstanden ist, und mit Kreuzkümmel und Salz abschmecken.

Wildes Kartoffelgratin

Überraschend unkompliziert und superlecker: Der echte Klassiker Kartoffelgratin beim Festtagsessen kann durch Wildkräuter Abwechslung bieten.

ZUBEREITUNGSZEIT: CA. 60 MINUTEN
FÜR 4 PORTIONEN

800 g Kartoffeln, festkochend
2 EL Rapsöl
1 Schalotte, gewürfelt
4 EL Ackerhellerkraut, fein gehackt
Salz
Pfeffer, frisch gemahlen
Fett für die Form
200 ml Schlagsahne
200 ml Milch
Muskatnuss, frisch gemahlen
50 g Bergkäse, gerieben

- Kartoffeln schälen und in dünne Scheiben schneiden.
- Öl in einem Topf erhitzen und die Schalotte darin andünsten. Ackerhellerkraut hinzufügen und zusammenfallen lassen. Mit Salz und Pfeffer würzen.
- Kartoffelscheiben und Kräuter-Zwiebel-Mischung in eine gefettete Gratinform schichten.
- Den Backofen auf 180 °C Ober-/Unterhitze vorheizen.
- Sahne und Milch mischen, mit Salz, Pfeffer und Muskatnuss würzen und über die Kartoffeln gießen. Käse darüberstreuen.
- Kartoffelgratin im Backofen ca. 45 Minuten goldgelb backen und dann servieren.

VARIANTEN

Toppen lässt sich das Wilde Kartoffelgratin noch, indem zwischen die Kartoffelscheiben geputzte und in dünne Scheiben geschnittene Löwenzahn- oder Engelwurzwurzeln gelegt werden. Der kräftige, leicht bittere Hauch der Wurzeln umschmeichelt mit der Sahnemilch die Kartoffelscheiben und überrascht die Feinschmeckergaumen.

Bachbunge, Bachbungen-Ehrenpreis

Veronica beccabunga • Würzig Herb Grasig Bitter

Der Bachbungen-Ehrenpreis ist ein echtes Kind des Wassers. Wie auch viele Kressen oder Schaumkräuter brauchen diese Pflanzen im Sommer wie im Winter das kühle Nass.

ERKENNEN IN DER KÄLTE

- Bachbunge taucht im Winter auch noch nach Frost- und Schneetagen wieder auf. Sie krabbelt mit ihren wurzelbildenden Stängeln immer weiter, sobald es die Wetterlage zulässt. Es lohnt sich, für sie ins Nass zu steigen.
- An den runden, kahlen, hohlen Stängeln befinden sich auch zur kalten Jahreszeit die etwas fleischig-rundlichen Blätter, die am oberen Ende oft ohne Stielchen eng am Stängel sitzen. Nach ein paar sonnigen Tagen steigen ihre Blattausläufer senkrecht nach oben, als ob sie der Sonne entgegengehen wollten.

ÄHNLICHE PFLANZEN

Die Verwechslung mit Kressen (*Lepidium*) ist möglich, sie sind ebenfalls essbar.

Andere Ehrenpreis-Arten, die auch im oder am Wasser wachsen, besitzen nicht so rundlich fleischige Blätter: Blauer Wasser-Ehrenpreis (*Veronica anagallis-aquatica*), Rötlicher Wasser-Ehrenpreis (*Veronica catenata*) oder Schlamm-Ehrenpreis (*Veronica anagalloides*) haben lanzettliche sitzende oder stängelumfassende Blätter, kommen seltener vor und sind ebenfalls essbar.

SAMMELN UND VERWENDEN

Es lassen sich alle Teile ernten und verwenden, die grün sind: Blatt und Stängel. Sollten die kleinen Trauben mit den blauen Blüten vorkommen: Sie sind eine wunderbare, leckere Dekoration.

Auch wenn die Bachbunge gerne in Wiesenbächen wächst, sollten Sie wegen möglicher Verunreinigungen nicht in oder unterhalb von Weidegebieten ernten – nur wenn sie sozusagen in zügig fließendem Wasser wächst.

KULINARISCHES

Die Blätter sind eine ideale Würze vor allem für alles Rohköstliche. Außer Bitterstoffen enthalten sie Gerbstoffe, die ihrem Geschmack einen etwas derben Charakter verleihen. Bachbunge ist mit Kresse und Kohl verwandt und schmeckt bitter, würzig und etwas scharf.

Die Stängel sind nicht immer ein Genuss. Sie werden mitgeerntet, weil die Blättchen einen besseren Stand haben, bis man sie verarbeitet. Eine Kostprobe der Stängel zeigt Ihnen, ob Sie sie eventuell mit in der Sauce verarbeiten oder klein geschnitten über warme Gerichte geben können.

ZUBEREITUNG KALT: Alle kalten Speisen, die eine bitter-würzige Note vertragen können, erfahren eine wunderbare Abwechslung durch die Blätter – ganz oder geschnitten.

ZUBEREITUNG WARM: Fein geschnittene Petersilie ist langweilig im Vergleich zur Bachbunge als würzige Dekoration für Warmes.

Rotkohlsalat mit Bachbunge

Die Bachbunge ist ein würzig-herber Vertreter der Wildkräuter im Herbst und Winter. Für das süß-saure Rotkohlaroma ist sie die ideale Ergänzung.

ZUBEREITUNGSZEIT:
CA. 45 MINUTEN + 2 STUNDEN ZIEHZEIT

FÜR 6 PORTIONEN ALS BEILAGE

1 kleiner Kopf Rotkohl (0,8–1 kg), fein geschnitten oder gehobelt
4 EL Obstessig
1 TL Salz
40 g Walnüsse oder Mandeln, gehackt
2 rote Zwiebeln, fein gehobelt
2 EL Rapsöl
1–2 Bio-Orangen
6 EL Rapsöl, evtl. zur Hälfte Nussöl
Timut Pfeffer, frisch gemahlen
6 Handvoll Blättchen von der Bachbunge, abgezupft
1 Handvoll Blättchen von der Bachbunge, fein geschnitten als Topping

- Rotkohl mit Essig und Salz kneten, um ihn mürbe zu machen. Mindestens 2 Stunden ziehen lassen.
- Nüsse in einer trockenen Pfanne rösten. Beiseite stellen.
- Zwiebeln in einer Pfanne in Rapsöl glasig dünsten, bis sie gar sind.
- Orange heiß waschen und die Schale abreiben, dann schälen, Filets herauslösen und klein schneiden (1–2 zum Dekorieren beiseite legen).
- Rotkohlsalat mit allen Zutaten, bis auf die Blättchen von der Bachbunge, gründlich vermischen und abschmecken.
- Erst vor dem Servieren die Blättchen der Bachbunge unterheben. Mit den fein geschnittenen Blättchen und einer Spalte Orange dekorieren.

TIPP

Rotkohlsalat ist sehr lecker für ein gefülltes Pita-Brot.

BÄRENKLAU, WIESEN-

Heracleum sphondylium • Aromatisch Herb Grasig

Im Herbst und Winter sind die nachgewachsenen kleinen Blätter vom Wiesen-Bärenklau in den Wiesen und an Waldrändern zu finden. Die Blätter sind leicht zu erkennen und sehr schön in der dunklen Jahreszeit, um unsere Ernährung aufzumöbeln.

ERKENNEN IN DER KÄLTE

- Die Grundblätter sind häufig im Herbst und Winter fiederteilig oder gefiedert mit 2–3 Fiederpaaren, behaart, fast borstig, je nachdem wie alt die Pflanze ist.
- Die Blattstiele fühlen sich kantig und rau an, die Blattspreite misst häufig nicht mehr als 10 cm, auch nach einigen Frosttagen stehen die Blätter wieder auf.
- Wichtiges Erkennungsmerkmal: Blätter duften nach frischer Wiese und nach einem Hauch von Staudensellerie oder Möhre. So ähnlich fällt auch der Geschmack aus. Das Aroma ist in jedem Fall positiv.

ÄHNLICHE PFLANZEN

Eine Verwechslung mit dem sehr aggressiven und giftigen Riesen-Bärenklau (*Heracleum mantegazzia-*

num) ist unwahrscheinlich, weil er viel größere Dimensionen annimmt (bis 3,50 m hoch, Blätter 1 m lang) und vorwiegend in Feuchtgebieten und an Wasserrändern zu finden ist. Seine Stängel sind an den roten Flecken erkennbar und die Fiederblätter sind sehr tief eingeschnitten. Die Blätter sind außerdem kahl im Vergleich zum Wiesen-Bärenklau. Der Riese hat zudem einen unangenehmen Geruch – das ist ein wichtiges Merkmal zur Unterscheidung.

Verwechslungen des Wiesen-Bärenklaus mit der Wald-Engelwurz (*Angelica sylvestris*) sind ungefährlich, mit Kälberkropf-Varianten (*Chaerophyllum*) aufgrund der vielen Blattfiedern unwahrscheinlich.

SAMMELN UND VERWENDEN

Man erntet die Blätter, die noch schön grün sind und nicht zäh aussehen. Die Blattstiele sind in der Regel nicht mehr sehr lecker, können aber als Würze für Suppen und Eintöpfe verwendet werden.

KULINARISCHES

Findet man noch kleine Blätter, sind diese fein geschnitten eine echte Delikatesse im Salat oder in anderen kalten Speisen.

Die Herbst- und Winterblätter bieten eine wunderbare grüne Hülle für eine interessante Füllung oder klein geschnitten eine leckere Ergänzung. Man blanchiert die Blätter zuvor in Salzwasser mit einer Scheibe Zitrone und kann sie dann beliebig weiterverarbeiten.

ZUBEREITUNG KALT: Wenn die Blätter ganz zart sind, zu Salat, Butter oder Öl oder in Quark geben oder zu Pesto verarbeiten.

ZUBEREITUNG WARM: Topping und Gremolata für Gemüse-, Kartoffel- und Fleisch- sowie Fischgerichte, gebackene oder gefüllte Blätter; Feinkost: Chutney.

Wiesen-Bärenklaublätter gefüllt mit Risotto

Gefüllte Weinblätter sind Ihnen sicher geläufig. Es lohnt sich aber auch, gefüllte Wildkräuterblätter zum Beispiel mit großen Wiesen-Bärenklaublättern auszuprobieren. Die Röllchen sind ideal vorzubereiten und lecker für unterwegs.

ZUBEREITUNGSZEIT:
CA. 60 MINUTEN + 20 MINUTEN BACKZEIT

FÜR 4 PORTIONEN ALS BEILAGE ODER VORSPEISE

8–12 große Wiesen-Bärenklaublätter (nicht zerkleinern)
einige Wiesen-Bärenklaublätter für das Risotto, fein geschnitten
Salz
1 Scheibe Bio-Zitrone
1 Zwiebel, fein gewürfelt
2 EL Butter
1–2 TL Curry, je nach Schärfe
Pfeffer, frisch gemahlen
200 g Risotto-Reis
1 Schuss Weißwein
0,8–1 l Gemüsebrühe, heiß
80 g Hartkäse, gerieben
50 g Butter
Salz
Pfeffer, frisch gemahlen
Muskatnuss, frisch gerieben
Piment d'Espelette
1 Bio-Zitrone, Saft und Schalenabrieb

ZUM ÜBERBACKEN

20 g Butter
20–40 g Hartkäse, gerieben

- Große ganze Blätter in Salzwasser mit Zitronenscheibe blanchieren und beiseite stellen.
- Zwiebel in Butter dünsten, bis sie beginnt Farbe zu nehmen, mit etwas Curry und Pfeffer würzen, Reis hinzufügen und alles gut verrühren. Reis etwas anrösten, mit Wein und der Hälfte der heißen Gemüsebrühe ablöschen. Nach dem ersten Aufkochen Wärme reduzieren, so dass der Reis mit Deckel gut weiterzieht.
- Reis immer mal wieder umrühren und evtl. mit heißer Gemüsebrühe weiter angießen.
- Kurz vor Garende (nach 16–18 Minuten, Packungsangaben beachten) die fein geschnittenen Wiesen-Bärenklaublätter und -stiele hinzugeben, verrühren, einmal gut aufkochen. 2 Minuten leise kochen lassen.
- Käse, Butter und Gewürze unter ständigem Rühren hinzufügen. Eventuell noch einen Schuss Wein hinzufügen. Alles gut abschmecken und etwas abkühlen lassen.
- Die großen Blätter auf einer Arbeitsfläche auslegen, so viel Risotto auf jedes Blatt geben, dass man ein Päckchen daraus rollen kann. Eventuell mit einem Zahnstocher zusammenhalten. In eine gefettete feuerfeste Form legen, mit Käse bestreuen und im Backofen 15–20 Minuten bei 180 °C Ober-/Unterhitze überbacken. Sofort servieren.

Brennnessel, Grosse und Kleine

Urtica dioica, Urtica urens • Aromatisch Grasig

Im Herbst und Winter ist die Brennnessel mit ihren nach dem Sommer noch nachgewachsenen Trieben eine echte Bereicherung in vielerlei Hinsicht: Nährstoffe, Geschmack und Farbigkeit. Dabei ist es völlig egal, ob es sich um die Große oder die Kleine Brennnessel handelt.

ERKENNEN IN DER KÄLTE

- Oftmals steht sie mit den ersten Wärmestrahlen wieder auf und streckt ihre wieder knackigen Blätter der Sonne entgegen.
- Ihre frischgrünen Blätter sind eine Delikatesse und ein Bündel an Nährstoffen (Vitamine, Mineralstoffe, Chlorophyll und sogar Eiweiß), wie bei keiner anderen Pflanze in der dunklen Jahreszeit.
- Den „grün-würzigen" Duft frischer Brennnesselblätter traut sich kaum einer von Nahem wahrzunehmen, weil man zu viel Respekt vor den Brennhaaren hat – denn die Pflanze brennt auch im Winter.

ÄHNLICHE PFLANZEN

Zu jeder Jahreszeit ist die *Urtica* gut an ihren Brennhaaren zu erkennen und nicht zu verwechseln.

SAMMELN UND VERWENDEN

Es gilt auch hier: Nur Mut beim Ernten, alle Blätter, die grün und gut erhalten sind, können uns enorm bereichern. Weiche, zarte Stängel ebenfalls.

Entweder Sie ernten die einzelnen Blättchen den Brennhaaren entgegen oder Sie ziehen Handschuhe an, wenn Sie auf keinen Fall gebrannt werden wollen.

KULINARISCHES

Die Brennnessel kann im Herbst und Winter unsere Küche richtig aufmischen und Wintergemüsen oder -salaten und vielen anderen Gerichten eine geschmackliche Aufwertung verleihen. Der typische, frische Brennnesselgeschmack fällt etwas herber aus, ist aber nach wie vor gut erkennbar und kulinarisch wertvoll: würzig-aromatisch und etwas herb.

Diese Pflanze kann ganz entscheidend mit dazu beitragen, dass unsere Ernährung im Winter einen ansprechenden „Grün-Anteil" hat, der unter anderem für das Immunsystem sehr wichtig ist.

ZUBEREITUNG KALT: Die Brennnessel ist sehr vielseitig und provoziert unsere Fantasie in vielen Gerichten: in Salat bzw. in der Salatsauce, fein zerkleinert in Butter oder Öl, in Quark und Aufstrichen. Feinkost: Pesto, Marinade für Schafskäse und Ähnliches.

ZUBEREITUNG WARM: Ungewöhnlich und lecker ist sie als ganzes Blatt gebacken im Teigmantel oder ohne, als Suppe, in allen Gemüse- und Kartoffelgerichten, als Füllung für Teigtaschen, in Feinkost wie Chutney, in Fleischpasteten, für Brotwaren und Gebäck.

Fächerbrot mit geschäumter Wildkräuterbutter

Ein Hefeteig lässt sich mit Wildkräutern sehr schnell abwandeln. Teig ausrollen, füllen mit Wildkräuterbutter oder -pesto (siehe Seite 16) und zu Fächer, Schnecke oder Rolle formen. Schon ist eine köstliche Begleitung zu Frühstück, Hauptgericht oder Picknick fertig.

ZUBEREITUNGSZEIT: CA. 30 MINUTEN + 45 MINUTEN GEHZEIT; KRÄUTERBUTTER: CA. 25 MINUTEN

FÜR 12 STÜCKE (1 KASTENFORM 30 × 11 × 7 CM)

BROT

500 g Dinkelvollkornmehl
2 TL Salz
Pfeffer, frisch gemahlen
Muskatnuss, frisch gerieben
1 TL Honig
325 ml Milch
20 g Hefe
2 EL Butter, sehr weich

KRÄUTERBUTTER

150 g Butter, sehr weich
5 Handvoll Brennnesseln, sehr fein geschnitten
1 Handvoll Dost, sehr fein geschnitten
1 Bio-Zitrone, Saft und Schalenabrieb
Salz
Pfeffer, frisch gemahlen

- Mehl, Salz, Pfeffer, Muskat und Honig vermischen, Milch mit Hefe und 2 EL Butter lauwarm erhitzen. Hefemilch mit Mehl zu einem glatten Teig verrühren. 45 Minuten gehen lassen, bis sich das Volumen verdoppelt hat.
- Butter mit Wildkräutern, Zitrone und Gewürzen mischen und mit einem Schneebesen aufschlagen. Sie wird dabei fast schaumig (ist die Butter zu fest, können Sie ein Wasserbad zu Hilfe nehmen) und vermischt sich gut mit den Kräutern.
- Kastenform mit Backpapier auslegen. Teig nochmals gut durchkneten und zu einem Quadrat von ca. 50 × 40 cm ausrollen. Teig mit der Kräuterbutter bestreichen. Streifen in der Breite der Kastenform schneiden. Ziehharmonikaartig einfalten und senkrecht in die Kastenform stellen, bis die Form gefüllt ist. 15 Minuten gehen lassen.
- Backofen auf 170 °C Ober-/Unterhitze vorheizen. Brot 45–50 Minuten backen, eventuell zum Ende hin Temperatur reduzieren.
- Brot mit Papier aus der Form heben, abkühlen lassen und servieren.

WILDKRÄUTER-SCHNECKEN

Einen 1 cm dick ausgerollten Hefeteig ganz dünn mit geschäumter Wildkräuterbutter oder -Pesto (siehe Seite 16) bestreichen. Teig aufrollen und in 2–3 cm dicke Scheiben schneiden. Mit guten Abständen auf ein Blech mit Backpapier legen und auf 1 cm Höhe niederdrücken. Nachdem die Schnecken gegangen sind, mit warmem Wasser einpinseln und 20–25 Minuten bei 170 °C Ober-/Unterhitze backen.

DOST, ECHTER

Origanum vulgare • Aromatisch Herb Würzig

*Zur Gattung Dost (**Origanum**) gehört die Art Echter Dost (**Origanum vulgare**), auch Wohlgemut oder Wilder Majoran genannt. Er ist eine wichtige Gewürz- und Heilpflanze. Gerade in der kalten Jahreszeit reckt er sich nach allen Seiten, wenn die Witterung es zulässt, und wächst in üppigen Büscheln.*

ERKENNEN IN DER KÄLTE

- Nach der Blüte- und Fruchtphase im Sommer kommen aus den unterirdischen Ausläufern neue Triebe, die sich nach oben schieben und im Herbst und Winter Freude und viel Aroma bringen.
- Weil die Blätter relativ fest sind, können sie auch Kältephasen gut überstehen. Sie richten sich einfach wieder auf und können bei Temperaturen über 0 °C ein prächtiges Kraut bilden.
- Die länglich-eiförmigen Blätter laufen spitz zu, sind ganz leicht gezähnt und haben auf der Unterseite kleine drüsige Zellen, daran ändern auch niedrige Temperaturen nichts.
- Dost ist an dem vierkantigen Stängel und seinen gegenständigen Blättern, die am Rand ganz fein behaart sein können, zu erkennen.
- Der würzig-aromatische Duft schließt Verwechslungen aus.

ÄHNLICHE PFLANZEN

Der uns allen bekannte Garten-Majoran (*Origanum majorana*) kommt verwildert sehr selten vor. Andere Verwechslungen sind nicht denkbar.

SAMMELN UND VERWENDEN

Geerntet werden Blättchen und Stängel, die schöne grüne Blätter tragen. Im Herbst und Winter muss man sie gut verreiben, um an ihren typischen Duft heranzukommen. Das heißt, der Anteil der ätherischen Öle und Würzaromen ist nicht so hoch wie im Sommer.

KULINARISCHES

Auch wenn ihr Duft im Winter nicht so stark ist, gibt diese Pflanze ein wunderbares Wintergewürz ab. Ihr Geschmack ist gleichzeitig herb und sehr aromatisch.

Die beste Verwertung des kostbaren Aromas erreicht man, wenn die Blättchen klein geschnitten werden. Typischerweise wird Wilder Majoran zu Herzhaftem, wie Fleisch-, Gemüse- und Kartoffelgerichten gegeben. Im Winter freut man sich sehr über aromatische Kräuter und verwendet sie vielseitiger und mutiger als in der Zeit, in der alles üppig wächst.

Blättchen, die man aktuell nicht braucht, lassen sich auch im Winter gut trocknen.

ZUBEREITUNG KALT: Sehr fein geschnitten peppen Dostblättchen kalte Speisen auf, die auf einen letzten Kick warten.

ZUBEREITUNG WARM: In der warmen Küche bekommt das traditionelle Gewürz mit etwas Zitronen- und Orangenaroma eine neue Wende.

Hähnchenbrust unter der Kartoffelhaube

Als Ergänzung dazu schmeckt ein Blattsalat mit Wildkräutern ganz hervorragend.

ZUBEREITUNGSZEIT: CA. 45 MINUTEN + 1–2 TAGE MARINIERZEIT

FÜR 4 PORTIONEN

ZUM MARINIEREN

4 Hühnerbrüste
½ Bio-Orange, Saft und Schalenabrieb
1 Bio-Zitrone, Saft und Schalenabrieb
4 EL Dost, fein geschnitten
1 TL Andaliman Pfeffer oder Schwarzer Pfeffer, gemörsert
1/8 l Rapsöl

KARTOFFELHAUBE

2 dicke Kartoffeln, als Pellkartoffeln gekocht, gerieben oder durch die Presse gedrückt
80 g Bergkäse, fein gerieben
4 EL Dost, fein geschnitten
1 Ei
Salz
Pfeffer, frisch gemahlen
Muskat, frisch gerieben
Piment d'Espelette

1–2 Tage zuvor

- Hühnerbrüste waschen, trockentupfen, evtl. parieren, halbieren. Orange, Zitrone, Dost, Pfeffer und Öl zu einer Marinade verrühren und die Hühnerbrüste damit gleichmäßig und von allen Seiten einreiben, abdecken und 1–2 Tage in den Kühlschrank stellen. Zwischendurch mal wenden, damit sich die Marinade gut verteilt.

Am Zubereitungstag

- Aus Kartoffeln, Käse, Dost, Ei und Gewürzen eine dicke Masse herstellen. Gut abschmecken.
- Hühnerbrüste aus der Marinade nehmen, salzen und in einer beschichteten Pfanne von beiden Seiten kurz scharf anbraten, in eine flache feuerfeste Form legen, Kartoffelmasse auf jedes Stück Fleisch geben und gut andrücken, so dass feste Pakete entstehen.
- Bei 180 °C ca. 25 Minuten backen. Je nach Größe auch etwas länger – das Hühnerfleisch sollte saftig, aber „durch", die Haube knusprig sein. Sofort servieren.

VEGGIE-BULETTEN

Sind Vegetarier unter Ihren Gästen, kochen Sie mehr Kartoffeln und machen aus dem gewürzten, gekräuterten Kartoffelstampf Veggie-Buletten. Für eine bessere Stabilität eventuell 1 EL Flocken unterheben.

Engelwurz, Wald-

Angelica sylvestris • Aromatisch Bitter Herb

Eine Engelwurz zu entdecken, ist ein besonderes Erlebnis. Sie blüht im Sommer mit ihren großen Doldenblüten und ist schon von Weitem zu sehen: in Auenwäldern, leicht feuchten Mooren oder Wiesen. Blätter und Wurzeln sind ein kulinarisches Highlight.

ERKENNEN IN DER KÄLTE

- Wie bei allen Doldenblütlern ist es ratsam, die Pflanze genau zu bestimmen.
- Findet man keine Blattreste mehr, muss man genau wissen, wo zuvor eine Engelwurz stand. Häufig sieht man nur noch vertrocknete Stängel, Doldenreste oder mit ganz viel Glück grüne Blätter.
- Die Blätter sind zwei- bis dreifach gefiedert, eiförmig-länglich, unterseits rau. Im Herbst und Winter und bei Feuchtigkeit ist die Behaarung weniger wahrnehmbar. Das gesamte Blatt ergibt ein Dreieck.
- Die hohlen Blattstiele zeigen auf der oberen Seite eine Rille. Am Ansatz der einzelnen Fiedern findet man in der Regel einen dunkelrot-violetten Ring.
- Sind die Blätter identifiziert, kann man sich an die Wurzel wagen. Ansonsten – Finger weg!

ÄHNLICHE PFLANZEN

Die essbare Arznei-Engelwurz (*Angelica archangelica*) wächst bei uns nicht wild.

Andere Doldenblütler stellen eine Gefahr dar, weil sie leicht bis sehr giftig sind, wie zum Beispiel Riesen-Bärenklau (*Heracleum mantegazzianum*), Gefleckter Schierling (*Conium maculatum*), Kälberkropf-Arten (*Chaerophyllum*). Sie haben deutlich andere Blätter, Stiele und Stängel.

SAMMELN UND VERWENDEN

- Grüne Blätter erntet man mit ihren Blattstielen, damit sie noch knackig sind, wenn sie verarbeitet werden. Mit einem Wurzelstecher wird der unterirdische Teil der Pflanze tiefgründig hervorgehoben und grob von Erde befreit.

KULINARISCHES

Die Wald-Engelwurz ist eine Delikatesse und eine echte Bereicherung der winterlichen Geschmackserlebnisse.

Fein geschnittene Blätter sind in der kalten Jahreszeit weniger bitter. Ein leicht bitterer, sehr aromatisch-würziger Geschmack bleibt erhalten.

Das Würzige, Feinerdige und Zartwilde der Wurzel gibt Kartoffel- und Gemüsegerichten oder auch einem Topping und Gremolata eine interessante Note.

ZUBEREITUNG KALT BLÄTTER: Sehr fein für Salat und andere kalte Zubereitungen.

ZUBEREITUNG WARM BLÄTTER: Eine besondere Würze für Gemüse, Kartoffeln oder Backwerk.

ZUBEREITUNG WARM WURZEL: Wichtig ist, die Wurzel kauen und schmecken zu können, daher in Würfeln oder Scheiben kurz braten, wenig Salz zugeben und mit Zitronensafttropfen ablöschen. Chips von den Wurzeln werden einen bleibenden Eindruck hinterlassen.

Kartoffel-Wald-Engelwurzpüree mit Topping und Chips

Dieses ist ein echtes Winterrezept, wenn Sie das Glück haben, eine Wald-Engelwurzwurzel ernten zu können. Sollten Blätter und Blattstiele noch knackig sein, werden sie auf jeden Fall mitgeerntet und verwendet. Alternativ könnte glatte Petersilie als Grün verwendet werden.

ZUBEREITUNGSZEIT: CA. 45 MINUTEN

FÜR 4 PORTIONEN ALS HAUPTGERICHT ODER 6 PORTIONEN ALS BEILAGE

PÜREE

800 g Kartoffeln, geschält
1 TL Kräutersalz
40 ml Rapsöl, kaltgepresst
40 g Hartkäse, fein gerieben
80 ml Kartoffelwasser
Je 2 EL Blätter und Wurzeln Wald-Engelwurz, sehr fein geschnitten
Muskatnuss, frisch gerieben
Salz
Pfeffer, frisch gemahlen

TOPPING

2–4 EL Rapsöl
2 EL Wald-Engelwurzwurzel, fein gewürfelt
½ Bio-Zitrone, Saft und Schalenabrieb
Salz

CHIPS

4 EL Rapsöl
Wald-Engelwurzwurzeln, feine Scheiben
Salz

TIPP

Das Topping kann mit gemahlenen Mandeln „verlängert" werden, wenn die Wurzeln nicht so ergiebig sind, oder vorzugsweise für die Chips verwendet werden. Wurzelscheiben und gemahlene Mandeln vorsichtig rösten und wie oben beschrieben weiter verfahren.

Püree

- Kartoffeln in Salzwasser garen. Kartoffelwasser abgießen und auffangen. Mit dem Stampfer Kartoffeln zerkleinern und mit Öl, Käse, Kartoffelwasser, Engelwurzblättern und -wurzeln zu einem Stampf (stückiges Püree) verarbeiten. Gut abschmecken. Warmstellen.

Topping

- Öl in einer Pfanne erhitzen und Wurzelwürfel hineingeben. Wenn sie beginnen Farbe zu nehmen, Zitronenschale und -saft sowie wenig Salz darübergeben. Gut verrühren und beiseite stellen.

Chips

- Öl in einer Pfanne erhitzen und die Wurzelscheiben hineinlegen. Wenn sie Farbe nehmen, ganz wenig Salz darüberstreuen und auf Küchenpapier legen.

Anrichten:

- Kartoffelpüree auf Tellern oder in einer Schüssel anrichten, Topping darüber verteilen und die Chips darum herumlegen. Knusprig schmecken sie am besten.
- **Achtung:** Alle Zutaten für Topping und Chips müssen vorbereitet sein, damit es schnell geht. Wenn alles schön heiß serviert wird, schmeckt es am besten.

Franzosenkraut, Kahles kleinblütiges oder Behaartes

Galinsoga parviflora, Galinsoga quadriradiata • Herb Grasig

Diese beiden Arten sind die bei uns am häufigsten vorkommenden Franzosenkräuter, die auch Knopfkräuter genannt werden. Sie unterscheiden sich lediglich durch die Behaarung der Stängel, sind einjährig und blühen bis spät in den Herbst hinein, wobei bis zum ersten Frost ständig junge Pflanzen und Triebe nachkommen.

ERKENNEN IN DER KÄLTE

- Der charakteristische Geruch des Franzosenkrautes erinnert ein wenig an frischen Kohl.
- Es wächst gerne an lehmigen, stickstoffreichen Stellen in Gärten, an Äckern oder an offenerdigen Straßenrändern und erreicht Wuchshöhen von 10–60 cm.
- Franzosenkraut bildet kleine Blütenkörbchen, die gelbe Mitte wird umrahmt von 4–5 kurzen, weißen Blütenblättern. Zwischen den dreizipfeligen Zungenblüten gibt es am Körbchenrand große Lücken.
- Das Behaarte Franzosenkraut ist am Stängel abstehend behaart, das Kahle Franzosenkraut hat kahle Stängel – ansonsten gleichen sich die beiden Arten bis aufs Haar.

ÄHNLICHE PFLANZEN

Verwechslungen mit giftigen Pflanzen gibt es keine, lediglich die beiden Franzosenkräuter-Arten untereinander kann man manchmal nicht so gut auseinanderhalten.

SAMMELN UND VERWENDEN

Man sammelt und verwendet in der kalten Saison sowohl die Blätter als auch Blüten, Samen und Triebe. Der Stängel wird dann oft holzig und sollte daher nicht mit verwendet werden.

KULINARISCHES

Der an Kopfsalat erinnernde Geschmack ist auch im Herbst und Winter mild und grasig, lediglich die älteren Blätter werden etwas herber und faseriger. Man kann das Franzosenkraut auch in größeren Mengen verwenden.

ZUBEREITUNG KALT: Am besten schmecken junge Triebe in Salaten oder fein zerkleinert in Pesto, Butter oder Öl, in Quark, Aufstrich und Kräutersauce.

ZUBEREITUNG WARM: In Suppen und Gemüsegerichten lassen sich auch die älteren Blätter noch gut verwenden.

Pfannkuchen-Variationen

Das Grundrezept kann wunderbar abgewandelt werden – mit Wildkräutern im Teig werden Pfannkuchen würziger und herrlich grün. Die Wildkräuter können auch als leckere Füllung zubereitet werden, mit Käse überbacken ergibt der Pfannkuchen schnell ein spannendes Hauptgericht.

Grundrezept

ZUBEREITUNGSZEIT: CA. 20 MINUTEN + 30 MINUTEN RUHEZEIT

FÜR 8 PFANNKUCHEN

4 Eier
250 g Dinkelvollkornmehl
½ TL Salz
Pfeffer, frisch gemahlen
500 ml Milch
3 TL Butter

- Eier gut verquirlen, Mehl hinzusieben, würzen und alles gut verrühren. Dann langsam die Milch hinzufügen und alles mit dem Schneebesen zu einem glatten Teig verarbeiten.
- Den Teig mindestens ½ Stunde ruhen lassen.
- In einer beschichteten Pfanne in Butter dünne Pfannkuchen ausbacken.

GRÜNE PFANNKUCHEN

2 Handvoll grob geschnittenes Franzosenkraut in der Milch pürieren und diese grüne Milch genauso weiterverarbeiten, wie im Grundrezept beschrieben. 50 g grob gehackte Haselnüsse in einer Pfanne ohne Fett rösten und je 1 TL auf die grünen Pfannkuchen streuen und servieren.

Wildkräuterfüllung

ZUBEREITUNGSZEIT: CA. 20 MINUTEN

FÜR 8 PFANNKUCHEN

1 Zwiebel, fein gewürfelt
1 EL Butter
3 Handvoll Franzosenkraut, klein geschnitten
1 EL Honig
1 EL mittelscharfer Senf
Muskatnuss, frisch gerieben
Pfeffer, frisch gemahlen
Salz
3 EL Sahne
4 EL Bergkäse, gerieben

- Zwiebel in Butter glasig dünsten, Franzosenkraut dazugeben und mit andünsten.
- Mit Honig, Senf, Muskatnuss, Pfeffer und Salz würzen und mit der Sahne abrunden.
- Pfannkuchen nach dem Grundrezept zubereiten, mit den gedünsteten Wildkräutern füllen, zusammenrollen und in einer Auflaufform, mit Käse bestreut, kurz im Backofen bei 200 °C Ober-/Unterhitze überbacken, bis der Käse goldbraun geschmolzen ist.

Gänseblümchen

Bellis perennis • Aromatisch Süßlich Nussig

Das ursprünglich aus mediterranen Gegenden stammende Gänseblümchen ist eine mehrjährige Staude. Es ist winterhart und öffnet selbst nach frostigen Nächten um die Mittagszeit wieder die Blüten. Es blüht fast das ganze Jahr.

ERKENNEN IN DER KÄLTE

- Die in Rosetten angeordneten, verkehrt-eiförmigen Blätter sind dicht an den Boden geschmiegt und verändern sich auch in der kalten Jahreszeit nicht.
- Die kleinen weißen Korbblüten sitzen jeweils einzeln auf dünnen Stängeln.
- Gänseblümchen sind wahre Überlebenskünstler – ihr geduckter Wuchs schützt sie in den warmen Jahreszeiten vor Rasenmähern und Weidevieh und in den kalten Jahreszeiten vor Kälte und Frost. Sie müssen sich also in der Kälte nicht verändern und lassen sich immer gut erkennen.

ÄHNLICHE PFLANZEN

Es gibt keine ähnlichen Pflanzen, eine Verwechslung ist daher ausgeschlossen.

SAMMELN UND VERWENDEN

Blüten und Blätter können in den kalten Jahreszeiten verzehrt werden.

KULINARISCHES

Die in einer Rosette angeordneten Blätter können im Herbst und Winter verzehrt werden, schmecken aber eher derb-bitter und sind daher vor allem als Beigabe im Smoothie geeignet.

Vor allem die Blüten sind im Winter eine willkommene, schöne und schmackhafte Salatbeigabe und essbare Dekoration, die allein durch ihren Anblick der Seele guttut. In jeder Wachstumsphase können die Blüten roh gegessen werden. Sie schmecken nussig, leicht süßlich und aromatisch.

TIPP

Die wunderschönen Gänseblümchen werten nicht nur Salate und Brotaufstriche, sondern auch jedes Getränk auf. Ein schmackhaftes, einfaches Getränk ist ein Krug Wasser, dem man einige Gänseblümchen und Zitronenscheiben zugibt.

ZUBEREITUNG KALT: Die fest verschlossenen Knospen des Gänseblümchens schmecken sauer eingelegt als leckerer Kapernersatz. Die Blüten sind ideal für alle kalten Gerichte – vorzugsweise als Dekoration.

ZUBEREITUNG WARM: Blätter lassen sich gut zu deftigem Gemüse verarbeiten.

Gänseblümchen-Schnittlauchbutter

Diese Butter verzaubert nicht nur durch den Geschmack, sondern auch durch das Aussehen jeden Gast. Servieren Sie sie in der kalten Jahreszeit auf einem Baguette oder Brot.

ZUBEREITUNGSZEIT:
CA. 20 MINUTEN + EINIGE STUNDEN ZIEHZEIT
FÜR 12 PORTIONEN

250 g Butter, zimmerwarm
1 Knoblauchzehe, sehr fein gehackt
2 EL Gänseblümchenblüten, fein geschnitten
einige Gänseblümchen zur Dekoration ganz lassen
½ Bund Schnittlauch, fein geschnitten
¼ Bio-Zitronenschale, gerieben
1 TL Salz
Pfeffer, frisch gemahlen

- Die Butter mit allen Zutaten gut verrühren, mit Salz und Pfeffer würzen, zu Kugeln formen und im Kühlschrank einige Stunden durchziehen lassen.
- Die Butterkugeln mit den zurückgehaltenen Gänseblümchenblüten dekorieren und servieren.

WILDKRÄUTER-DRINK

Was könnte schöner sein, als von Gänseblümchen auf einem Drink angelacht zu werden? Ansatz: Kräuter mit Bitterstoffen wie Löwenzahnblätter, Bitteres Schaumkraut, Schafgarbe ganz fein schneiden, mit trockenem Weißwein und zwei Scheiben Zitrone ansetzen und 1 Tag in den Kühlschrank stellen. Vor dem Servieren die Kräuter abseihen. Den Weinansatz mit etwas Schwarzem Johannisbeernektar und Prosecco oder Sprudel aufgießen und anrichten. Mit einem Gänseblümchen dekoriert servieren.

Gänseblümchen-Kokosdessert

Wunderbar cremig, erfrischend fruchtig und schnell gemacht sind diese Dessertbällchen, die durch die Gänseblümchen das gewisse Etwas bekommen.

ZUBEREITUNGSZEIT:
CA. 20 MINUTEN + 3 STUNDEN ZIEHZEIT
FÜR 4 PORTIONEN

150 g Kokosflocken
200 g Quark (20%ig)
3 EL Honig
¼ Bio-Orangenschale, fein gerieben
½ Vanilleschote, Mark
1 Prise Zimt
1 EL Gänseblümchenblüten

- 100 g Kokosflocken mit Quark, Honig, Orangenschale und Gewürzen vermischen.
- Mindestens 3 Stunden im Kühlschrank ziehen lassen.
- Aus der Masse kleine Bällchen formen, durch die restlichen Kokosflocken rollen und mit Blüten bestreut servieren.

GIERSCH

Aegopodium podagraria • Aromatisch Würzig Herb

Giersch ist bei uns ganzjährig zu finden, außer bei Schnee. Er ist im Herbst und Winter wie auch im Sommer reich an Vitamin C. Also greifen Sie zu, wann immer er sich anbietet.

ERKENNEN IN DER KÄLTE

- Die Blätter vom Giersch treiben in der kalten Jahreszeit immer wieder aus, das Wachstum ist etwas träger und geduckter.
- Die Zahl Drei gilt auch im Herbst und Winter: einfach bis doppelt dreizählig gefiedert mit gesägtem Rand und dreieckigem, asymmetrischem Umriss sowie dreieckigem Blattstiel.
- Es lassen sich meist ältere Blätter finden, die etwas dunkler und stumpfer aussehen.
- Nach dem Zerreiben der Blätter zwischen den Fingern erkennt man den typischen Geruch: Sie riechen leicht nach glatter Petersilie, Karotte oder Sellerie, bei den frischen Blättern ist dies deutlicher wahrzunehmen als bei älteren.

ÄHNLICHE PFLANZEN

Anders als in der Blütezeit, bestimmt man Wildkräuter im Winter nur anhand der vorhandenen Blätter. Da die Blätter der anderen Doldenblütler, die mit dem Giersch während der Blütezeit verwechselt werden können, wesentlich stärker gefiedert sind, ist die Gefahr in der kalten Jahreszeit gering.

Eine ähnliche Blattform hat die Wald-Engelwurz (*Angelica sylvestris*), die auch essbar ist.

SAMMELN UND VERWENDEN

Die Blätter inklusive ihrer Stiele werden kulinarisch im Herbst und Winter verwendet.

KULINARISCHES

Ältere Blätter sind zäher und herber. Es wachsen immer wieder frische, neue Blätter nach, die zarter sind und aromatisch-würzig schmecken.

ZUBEREITUNG KALT: Die jungen Blätter eignen sich wunderbar als rohe Zugabe zu unseren Speisen.

ZUBEREITUNG WARM: Die älteren Blätter werden als Gemüse zubereitet.

Grüne wilde Knödel

Semmelknödel werden durch den Giersch richtig aufgemotzt.

ZUBEREITUNGSZEIT: CA. 70 MINUTEN
FÜR 9–12 KNÖDEL, JE NACH GRÖSSE

STUFE 1

500 g Knödelbrot vom Bäcker oder Weißbrot bzw. Brötchen, gewürfelt
Schnittlauch oder Blattpetersilie, fein geschnitten (wichtig für die Würze)
Salz
Pfeffer, frisch gemahlen
Muskat, frisch gerieben
3–6 EL Mehl
375 ml Milch, heiß

STUFE 2

1 große Zwiebel, gewürfelt
100 g Butter
3 Handvoll Giersch, fein geschnitten
4 Eier

STUFE 3

125 g Bergkäse, gerieben
125 g Butter, gebräunt

TIPP

Gart man in Wasser, ist es ratsam zu testen, ob ein Knödel „hält“. Fällt er auseinander, arbeitet man noch etwas Mehl unter die Knödelmasse. Mehl nimmt Geschmack – daher evtl. noch etwas nachwürzen.

Stufe 1

- Knödelbrot in einer großen Schüssel mit allen „trockenen“ Zutaten von Stufe 1 sehr gut vermischen. Heiße Milch darübergießen und gut unterheben.

Stufe 2

- In einer hohen Pfanne die Zwiebeln in Butter schmelzen. Giersch in der Zwiebelbutter zusammenfallen lassen.
- Pfanneninhalt über die Knödelmasse geben und gut unterarbeiten bzw. verkneten.
- Eier dazuschlagen und ebenfalls unterarbeiten. Masse gut abschmecken und mit feuchten Händen feste Knödel formen. Diese in das Sieb eines Dämpfers oder auf ein bemehltes Brett legen, wenn die Knödel im siedenden Salzwasser gegart werden.
- Dämpfeinsatz auf den mit kochendem Wasser befüllten Untertopf oder die Knödel in siedendes Salzwasser gleiten lassen (das Wasser sollte nie kochen).
- Hat man einen Backofen mit Wasserdampf, werden die Knödel in einer feuerfesten Form bei 170 °C im Dampf gegart.
- Nach 15–20 Minuten, je nach Größe, sind sie gar. Garprobe: Einen Knödel mit zwei Gabeln auseinanderziehen und sehen, ob die Masse innen gar ist.

Stufe 3

- Die Knödel in eine feuerfeste Form legen, zuerst Käse und dann die sehr heiße Butter darübergeben. Sofort servieren.

Gundermann, Gewöhnliche Gundelrebe

Glechoma hederacea • Aromatisch Scharf Würzig Grasig

Diese ausdauernde Pflanze kriecht zu jeder Jahreszeit mit ihren Ausläufern (Stolonen) in alle Richtungen. So wundert es nicht, wenn man auch im Herbst und Winter ganze Flächen dicht bewachsen mit Gundermannblättchen findet. Die zartesten von ihnen bieten uns ihr wunderbares Aroma an.

ERKENNEN IN DER KÄLTE

- Die kreuzgegenständigen Blätter sitzen an viereckigen Stängeln, wie es für einen Lippenblütler typisch ist. Die zarten blau-lila Blütchen findet man im Herbst und Winter wohl eher weniger.
- In dieser Jahreszeit haben sich die hochgewachsenen Stängel zurückgezogen. Die Ausläufer der Gundelrebe kriechen aber, wenn die Witterung es zulässt, weite Strecken über den Wald- oder Gartenboden. Deshalb auch der Name Gundelrebe. Die herz- bis nierenförmigen Blättchen sind rundum gekerbt und auf der Unterseite stumpfer grün. Die ganz leichte Behaarung tritt in der kalten Jahreszeit in den Hintergrund.

ÄHNLICHE PFLANZEN

Die weniger bekannte, etwas derbere Rauhaarige Gundelrebe (*Glechoma hirsuta*) ist ganz behaart und mit ihren etwas spitzer zulaufenden Blättern zwar leicht zu verwechseln, aber ebenfalls essbar.

Es könnten auch in einem milden Winter die Kleine Braunelle (*Prunella vulgaris*) oder der Kriechende Günsel (*Ajuga reptans*) mit dem Gundermann verwechselt werden. Beide sind nicht giftig, enthalten aber sehr viele Bitterstoffe und weniger Aroma.

Ähnlich wie die Gundermannblätter können die der Knoblauchsrauke aussehen.

SAMMELN UND VERWENDEN

Man erntet Blättchen, solange sie grün und knackig sind. Wenn sie ihre Farbe verlieren, schmecken sie zu streng bzw. haben kein Aroma mehr.

KULINARISCHES

Verreibt man die Blätter, riechen sie sehr aromatisch. Der Geschmack fällt im Vergleich dazu sehr viel intensiver aus: würzig, aromatisch, herb und vielleicht etwas scharf.

Das teilweise strenge Aroma lässt im Zusammenhang mit Bitter- und Gerbstoffen und leichter Schärfe zu einer vorsichtigen Dosierung raten. Demnach sind Gundermannblätter ideal zum Aromatisieren: in der Milch für Süßspeisen, Gemüse- und Kartoffelgerichte oder Fleisch- und Fischspeisen. Grundsätzlich können die Blätter kalt und warm zubereitet werden.

ZUBEREITUNG KALT: Ein Blättchen im Quark, zwei in der Butter und vielleicht fünf in einem Pesto ergeben mit vielen anderen Kräutern eine fein-würzige Mischung.

ZUBEREITUNG WARM: Auch in der warmen Küche gilt: Mit Bedacht und möglichst fein geschnitten gut verteilen.

Wildkräuter-Crème-brûlée

Süßspeise mit Wildkräutern? Gerne, aber bitte ohne großen Aufwand. Eine Crème brûlée lässt sich hervorragend vorbereiten und ist mit Wildkräutern wirklich mal was Anderes.

ZUBEREITUNGSZEIT: CA. 45 MINUTEN + 1 STUNDE ZIEHZEIT (MILCHANSATZ) + 50 MINUTEN BACKZEIT + 6 STUNDEN KÜHLZEIT

FÜR 6 PORTIONEN (100- BIS 150-ML-FÖRMCHEN)

30 g Puderzucker
125 ml Milch
375 ml Schlagsahne
1 Vanilleschote, Mark
½ Bio-Orange, Schalenabrieb
½ Bio-Zitrone, Schalenabrieb
10 Gundermannblätter, grob geschnitten
5 Eigelb
½ Bio-Orange, Saft
½ Bio-Zitrone, Saft
1 EL Gundermannblätter, ganz fein geschnitten
2 TL brauner Zucker

Am besten am Tag zuvor

- Puderzucker, Milch und Sahne in einen Topf geben. Vanillemark mit Schote sowie Orangen- und Zitronenschale hinzufügen und alles sehr gut verrühren.
- Sahnemilch mit Gundermannblättern unter Rühren zum Kochen bringen, kurz aufkochen lassen und vom Herd nehmen. Mindestens 1 Stunde ziehen lassen.
- Eigelb gut verquirlen bis es schaumig ist. Sahnemischung durch ein feines Sieb langsam zum Eigelb rühren und eine Weile schaumig schlagen. Fein geschnittene Wildkräuter hinzufügen. Sahne-Milch gut durchmixen, mit Orangen- und Zitronensaft abschmecken, in feuerfeste Förmchen verteilen und in ein tiefes Backblech oder eine Auflaufschale stellen.
- Backofen auf 120 °C (Umluft) stellen. Wasser in das Backblech gießen, so dass die Förmchen bis 2 cm unter dem Rand im Wasserbad stehen. Auf der untersten Schiene ca. 50 Minuten garen.
- Gartest: Förmchen sanft schütteln – hat die Masse eine fast feste Konsistenz ist sie perfekt. Beim Abkühlen wird sie noch etwas fester. Mindestens 3 Stunden im Kühlschrank ziehen lassen.

Am Tag des Servierens

- Gläschen erst kurz vor dem Servieren aus dem Kühlschrank nehmen, mit Zucker bestreuen und diesen mit einer Lötlampe abflämmen, bis er hellbraun karamellisiert ist. Sofort servieren.

TIPP

Dazu kann man eine Wildkräuter-Gremolata (siehe Seite 68) servieren. Sowohl die Säure als auch das „Crunchige“ sind ein guter Gegenpol zu der feinen Creme.

Hirtentäschel, Gewöhnliches

Capsella bursa-pastoris • Bitter Aromatisch Grasig

Das Gewöhnliche Hirtentäschel ist das ganze Jahr über zu finden, die Blütezeit ruht nur während einer langen Frostperiode. Es ist sehr anpassungsfähig und wächst entweder einjährig oder als zweijährige Halbrosettenpflanze.

ERKENNEN IN DER KÄLTE

- Das Hirtentäschelkraut ist sehr vielgestaltig, je nach Umweltbedingungen. So entstehen bei niedrigeren Temperaturen vorwiegend eingeschnittene Blätter.
- Die herzförmigen Früchte sind auch in der kalten Jahreszeit gut zu erkennen, sie wachsen an dem aufrechten Stängel mit nur wenigen Blättern.
- Blütenknospen und kleine weiße Blüten breiten sich an der Stängelspitze aus.
- Das Hirtentäschelkraut hat auch im Herbst und Winter gleichzeitig Blüten und Samen an einer Pflanze.

ÄHNLICHE PFLANZEN

Das Stängelumfassende Hellerkraut (*Thlaspi perfoliatum*) könnte mit dem Hirtentäschel verwechselt werden, da Ersteres aber auch essbar ist, gibt es hier keine Gefahr.

Die tief eingeschnittenen Blätter der Blattrosette sehen manchmal auch den Löwenzahnblättern ähnlich, aber auch hier besteht keine Gefahr für die Gesundheit, falls sie verwechselt werden.

SAMMELN UND VERWENDEN

Das gesamte oberirdische Grün lässt sich ebenso verwenden wie die kleinen Früchte und die gereiften Samen.

KULINARISCHES

Der Geschmack ist im Winter grasig und aromatisch wie im Sommer, jedoch oft etwas bitterer.

ZUBEREITUNG KALT: Blätter und Triebspitzen schmecken roh im Salat und im Smoothie. Die Früchte sind mit ihrem feinen Nussaroma auch im Winter eine köstliche Salatbeigabe und wie die Blüten eine leckere, essbare Dekoration.

Die gereiften Samen sind durch die enthaltenen Senföle scharf und können als Pfefferersatz oder zur Herstellung eines Wilden Senfes verwendet werden.

Dazu benötigt man 1 Handvoll Samen, 2 EL Essig, 1 TL Honig, etwas Zitronensaft und Salz. Nachdem der Samen in einer Kaffeemühle gemahlen wurde, kocht man ihn im Essig kurz auf und lässt ihn ca. 1 Stunde quellen. Diese Masse wird in einem Mörser zu einer Paste verarbeitet und nach Geschmack mit Honig, Zitronensaft und Salz abgeschmeckt.

ZUBEREITUNG WARM: Die Blätter und Triebspitzen können gegart als Gemüse verwendet werden.

Scholle mit Hirtentäschel-Gremolata

Der zarte Fisch stellt einen interessanten Gegensatz zur etwas „chrunchigen" Gremolata dar, die ein Allround-Topping für Süßes und Herzhaftes ist. Ursprünglich im italienischen Original aus glatter Petersilie, Zitronenschale und Knoblauch, eventuell noch Parmesan, kann die Gremolata auch aus Wildkräutern mit Zitrone, einer Prise Salz und gehackten Nüssen bestehen.

ZUBEREITUNGSZEIT: CA. 30 MINUTEN

FÜR 4 PORTIONEN

FISCH

4 kleine Schollen mit je ca. 300 g, TK
1 Zitrone, Saft
Meersalz
Pfeffer aus der Mühle
4 EL Butter
2 EL Rapsöl

GREMOLATA

30 g Mandeln mit Haut, grob gehackt
2–4 EL Hirtentäschel, fein gehackt
½ Bio-Zitrone, Schalenabrieb und Saft
etwas Salz

- Schollen nach Packungsanleitung auftauen, trockentupfen, mit Zitronensaft beträufeln und 5 Minuten ziehen lassen.
- Für die Gremolata Mandeln in einer beschichteten Pfanne trocken rösten. Vorsicht, die Mandeln können sehr schnell dunkel werden.
- Geröstete Mandeln mit Hirtentäschel in der Pfanne vermischen, Zitronenschale und -saft darübergeben und mit wenig Salz bestreuen. Währenddessen gut wenden.
- Schollen trockentupfen und mit Salz und Pfeffer würzen. Butter mit Öl in einer beschichteten Pfanne erhitzen und die Fische zuerst auf der Hautseite 3–4 Minuten braten. Wenden und 3-4 Minuten weiter braten. Pfanne vom Herd nehmen und die Fische in der Nachhitze 2 Minuten garen. Mit Gremolata garniert servieren.

TIPP

Statt der ganzen Scholle können auch Filets oder andere Fischarten verwendet werden. In diesem Rezept kommt es auf die Kombination der weichen Konsistenz von Fisch und dem chrunchigen der Gremolata an. Gremolata kann ebensogut als Topping für Suppen, Kartoffelstampf oder Gemüse serviert werden.

Knoblauchsrauke

Alliaria petiolata • Bitter Würzig

Die Knoblauchsrauke ist eine zweijährige Pflanze mit hoher Frosttoleranz, die im ersten Jahr mit ihren Grundblättern bodenständig überwintert. Im zweiten Jahr, nach ihrer Samenreife, stirbt die Knoblauchsrauke ab, neue Sämlinge erscheinen noch vor dem Winter.

ERKENNEN IN DER KÄLTE

- Im Herbst und Winter finden sich die nieren- bis herzförmigen, lang gestielten Grundblätter mit dem gebuchteten Rand häufig in der Nähe von bis zu 1 m hohen, antennenartigen Gebilden – den abgestorbenen Mutterpflanzen vom Sommer.
- Durch Zerreiben der Blätter zwischen den Fingern können sie auch im Winter am Knoblauchgeruch eindeutig identifiziert werden.

ÄHNLICHE PFLANZEN

Die Blätter der Knoblauchsrauke können mit denen des ebenfalls essbaren Gundermanns (*Glechoma hederacea*) verwechselt werden, sie haben eine ähnliche Form, wobei das Grün des Gundermanns meist dunkler und das Blatt fester ist. Auch der Geruch der beiden Pflanzen ist so charakteristisch, dass eine eindeutige Bestimmung möglich ist.

SAMMELN UND VERWENDEN

Im frühen Herbst können die Samen der Knoblauchsrauke geerntet und verwendet werden.

Grüne Blätter und Stängel sind in der gesamten kalten Jahreszeit eine Delikatesse.

KULINARISCHES

Die Blätter sind im Winter würzig, leicht knoblauchartig, etwas pfeffrig mit mehr Bitterstoffen als im Frühjahr und Sommer. Das knoblauchartige Aroma ist deutlich geringer.

ZUBEREITUNG KALT: Die Blätter bereichern im Winter alles, was rohköstlich das knoblauchartige Aroma vertragen kann.

TIPPS:

- Stellen Sie einen Dip her aus fein gehackten Blättern, zerbröseltem Feta und cremig gerührtem Joghurt, jeweils einem Schuss Olivenöl und Zitronensaft sowie Salz, Pfeffer und Piment d'Espelette – und schon können Sie eine Scheibe Brot, eine Pellkartoffel oder ein Steak verzaubern.
- Einige Blätter Knoblauchsrauke bieten wunderbare Abwechslung für Tomatensalat.

ZUBEREITUNG WARM: Da sich das Knoblaucharoma durch Erhitzen sofort verflüchtigt, gibt man die Blätter erst kurz vor dem Servieren, eventuell geschnitten, über heiße Speisen. Eine Ausnahme: Triebspitzen, zwei- bis dreiblättrige Triebe oder einzelne Blätter werden in einen Bierteig getaucht und in der Pfanne ausgebraten – das sorgt für eine Geschmacksexplosion.

Wildkräuter-Knabberstangen

Diese Knabberstangen sind, ähnlich wie die traditionellen Grissini, eine leckere Versuchung zu einem Glas Wein und Bier oder zum Picknick. Durch Wildkräuter bekommen sie eine etwas herbere, bittere Note, je nach Kraut. In einer gut verschlossenen Dose halten sie sich eine Woche, ohne Käse auch länger.

ZUBEREITUNGSZEIT: CA. 60 MINUTEN + 60 MINUTEN GEHZEIT + 10 MINUTEN BACKZEIT

FÜR 30-40 STÜCK

5 g Hefe
200 g Dinkelvollkornmehl
4 EL lauwarmes Wasser
1 Löffelspitze Honig
½ TL Salz
2 EL Rapsöl
2 EL Knoblauchsrauke, sehr fein geschnitten
1 EL Bergkäse, fein gerieben

- Hefe mit etwas Mehl sowie Wasser und Honig verrühren und mit einem Tuch abgedeckt gehen lassen, bis sich das Hefestück verdoppelt hat. Restliches Mehl mit Salz mischen und zusammen mit Öl, Kräutern und Käse mit dem Hefevorteig gut verkneten. Ein Backblech mit Backpapier auslegen. Backofen auf 200 °C Ober-/Unterhitze vorheizen.
- Teig ausrollen und in schmale Streifen schneiden, knapp ½ cm breit. Je dünner, desto knuspriger werden sie. Streifen jeweils zu einer dünnen Stange rollen und mit Abstand auf das Backblech legen. Mit lauwarmem Wasser bepinseln und auf mittlerer Schiene in den Ofen schieben.
- Je nach Dicke 8–12 Minuten goldgelb backen. Achtung, sie sollten nicht zu dunkel werden.

WÜRZIGE VARIANTEN

Diese Knabberstangen schmecken auch ohne Käse. Stattdessen könnten sie mit frisch gemahlenem Kümmel oder mit Kurkuma, Schwarzem Pfeffer oder mit fein geschnittener Zitronen- oder Orangenschale gewürzt werden.

LABKRAUT, GEWÖHNLICHES WIESEN-, KLETTEN-

Galium mollugo, Galium aparine • Aromatisch Grasig Nussig

Im Herbst und Winter sind Wiesen- und Kletten-Labkraut sehr begehrt. Ähnlich wie andere Pflanzen, die sich im Sommer noch einmal aussäen, können auch die Labkräuter mit zarten, grünen Blättern in der dunklen Jahreszeit aufwarten.

Wiesen-Labkraut

ERKENNEN IN DER KÄLTE

- Im Herbst und Winter wachsen die Labkräuter weniger üppig, eher kriechend.
- An ihrer typischen Blattstellung sind sie gut erkennbar: Die Blätter sind am Stängel wie Quirle angeordnet. Teilweise sind sie jetzt stark verzweigt, weil sie nicht mehr die Kraft haben, nach oben zu wachsen. Sie schützen sich so auch vor winterlichem Wetter.
- Das Kletten-Labkraut ist zwar noch leicht klebrig, aber je nasser es ist, desto weniger fühlt man das.

ÄHNLICHE PFLANZEN

Weniger interessant vom Geschmack her sind Wald-Labkraut (*Galium sylvaticum*) und Echtes Labkraut (*Galium verum*).

Wenn man auf den Wuchs der Labkräuter mit ihren unverkennbaren Scheinquirlen achtet, kann es keine „giftigen“ Verwechsler geben.

Der ebenfalls zur Familie gehörende Echte Waldmeister (*Galium odoratum*) ist jetzt nicht anzutreffen, er gilt als wenig oder schwach giftig.

SAMMELN UND VERWENDEN

Es lassen sich alle Teile ernten und verwenden, die grün sind: Blätter und Stängel.

KULINARISCHES

Wann immer möglich und gewünscht, ist Labkraut für die „kalte“ Zubereitung ideal. Labkräuter haben einen grasigen Geschmack, der ganz leicht bitter sein kann. Die (fast zitronige) Frische der Frühlings- und Sommerkräuter ist verflogen.

Eine Unterscheidung zwischen Kletten- und Wiesen-Labkraut ist im Winter unwichtig. Wiesen-Labkraut ist wohlschmeckender und für viele eher ein Hochgenuss. Einmal probiert, wird man jedoch zugeben, dass auch das Klebrige Labkraut lecker ist. Die Labkräuter können den Grünanteil in unserer Ernährung erheblich steigern.

ZUBEREITUNG KALT: Das typische kulinarische Erlebnis bietet Labkraut, wenn man es im Salat oder einfach auf einem Butterbrot genießen kann. Fein geschnitten wird es für viele verschiedene kalte Speisen verwendet.

ZUBEREITUNG WARM: Zu warmen Speisen bieten sich Labkräuter allenfalls als Dekoration an. Da können sie ihren Reiz ausspielen und sehen interessant aus. Warm verarbeitet fallen sie zusammen, verlieren ihre frischgrüne Farbe und ihren Geschmack.

Kletten-Labkraut

Wildkräuter-Vinaigrette mit Orangen

Diese Vinaigrette können Sie wunderbar vorbereiten, sie passt gut auf ein Buffet und kann bis zu zwei Wochen im Kühlschrank aufgehoben werden. Mit Wildkräutern bekommt sie zusammen mit der Orange einen interessanten Geschmack, der jeden Kopfsalat aufwertet und das Bittere von Wildkräutern auf charmante Art umschmeichelt.

ZUBEREITUNGSZEIT:
CA. 40 MINUTEN + ABKÜHLZEIT

FÜR 12 PORTIONEN

500 g Bio-Orangen
2 EL Wildkräuter-Senf (siehe Seite 17)
Pfeffer, frisch gemahlen
Salz
1–2 EL Balsamicoessig oder Zitronensaft
ca. 375 ml Rapsöl
2–4 EL Labkräuter, fein geschnitten

WILDKRÄUTER-QUARK MIT LABKRAUT

250 g Quark (20%ig) mit 1 EL Rapsöl glattrühren und 2 Handvoll fein gehacktes Labkraut unterrühren, mit Salz und frisch gemahlenem Schwarzem Pfeffer abschmecken und als Dip zu Pellkartoffeln oder gebackenem Gemüse servieren. Dieser Quark ist auch ein köstlicher Brotaufstrich.

- Orangen heiß waschen und auspressen. Die Schale einer Orange klein schneiden und mit etwas Saft (so viel wie zum Kochen nötig ist) in einem beschichten Topf aufkochen und dann auf 1/5 der Menge einkochen. Zum Abkühlen beiseitestellen.
- Zum Rühren der Vinaigrette müssen alle Zutaten eine einheitliche Temperatur haben. Alle Zutaten miteinander verrühren, zum Schluss mit dem Zauberstab das Rapsöl in einem feinen Strahl in die Orangenmasse einarbeiten. So viel Rapsöl hineingeben, bis die gewünschte Konsistenz erreicht ist. Ganz nach Geschmack mit Essig oder Zitrone würzen.
- Zum Schluss die Kräuter hinzufügen.
- Nach dem Abschmecken wird die Vinaigrette kaltgestellt. Im Kühlschrank hält sie sich bis zu 14 Tage.

TIPP

Ideal ist es, wenn man die Vinaigrette erst vor jedem Gebrauch mit frischen Kräutern vermengt. So verlängert sich die Haltbarkeit und die frisch beigefügten Kräuter haben mehr Biss und eine knackigere Farbe.

LÖWENZAHN, GEWÖHNLICHER

Taraxacum campylodes • Bitter Aromatisch Herb Grasig

Viel Aroma, Biss und gute Laune für unser Verdauungssystem bringt Löwenzahn mit sich: „Was bitter im Mund, ist dem Magen gesund!" heißt es. Gerade weil es Löwenzahn das ganze Jahr über gibt, ist er unsere wichtigste Bitterstoffpflanze.

ERKENNEN IN DER KÄLTE

- Die Blätter sind ab Herbst im Vergleich zu Frühjahr und Sommer etwas kleiner, aber nach wie vor an ihrer typischen Form und der Blattrosette erkennbar.
- Der sonst so typische Milchsaft der gesamten Pflanze tritt im Herbst und Winter nicht mehr so deutlich in Erscheinung, da die Pflanze alle Kraft an die Wurzel abgegeben hat.
- Die Länge der tief in die Erde ragenden Pfahlwurzel kann man nur erahnen. Es bleibt immer ein Stück im Boden, wenn man sie ausbuddelt, so dass die Pflanze weiterwachsen kann.
- Typisch für den Herbst/Winter-Löwenzahn ist der hohe Inulingehalt der Wurzel: Er ist um ein Vielfaches höher als im Frühjahr. Dafür sind die Bitterstoffanteile im Herbst geringer. So ist insbesondere die Wurzel ein ideales Gemüse.

ÄHNLICHE PFLANZEN

Pflanzen, die ein löwenzahnähnliches Blatt haben, sind in der dunklen Zeit seltener anzutreffen. Sollte sich doch eines verirrt haben, ist dieses auch essbar.

Eine Wurzel ohne ein erkennbares Löwenzahnblatt sollte grundsätzlich nicht ausgegraben werden.

SAMMELN UND VERWENDEN

Alle grünen Blätter können geerntet werden und die gesamte Wurzel ist essbar. Eine Löwenzahnwurzel kann wunderbar mit einem Wurzelstecher etwas freigelegt und mitsamt den Blättern mit nach Hause genommen werden.

KULINARISCHES

Essen Sie wann immer möglich Löwenzahn. Die Blätter verwenden Sie je nach Alter: Je älter das Blatt, desto feiner wird es geschnitten oder eventuell blanchiert und dann erst zerkleinert.

Die Wurzel kann roh verzehrt, in feine Scheiben geschnitten oder geraspelt werden. Wenn Sie ihre Salatsauce im Mixer herstellen, können Sie immer ein Stück Wurzel mit hineingeben. Eine besondere Delikatesse sind Chips oder Toppings mit den unterirdischen Teilen des Löwenzahns.

Interessant ist die Wurzel auf jeden Fall in gemischten Gemüsen oder anderen Gerichten.

ZUBEREITUNG KALT: Löwenzahnblätter sind bekannt für alle kalten Zubereitungen von rohköstlich in Smoothie oder Salat bis verarbeitet mit anderen Nahrungsmitteln wie Butter und Quark oder Pesto bzw. Senf.

ZUBEREITUNG WARM: Nur Mut! Zu allen warmen Gerichten passen immer einige Löwenzahnblätter und mit der Wurzel macht Experimentieren Spaß – zu Chips oder Gremolata und vielem mehr kann man sie verarbeiten.

Spaghetti mit Löwenzahnsauce

Löwenzahnblätter und -wurzeln können wunderbar als Gemüse zubereitet werden – für Fleischliebhaber auch mit Kurzgebratenem. In diesem Rezept passt die kräftige Löwenzahnsauce hervorragend zu Spaghetti.

ZUBEREITUNGSZEIT: CA. 60 MINUTEN

FÜR 4 PORTIONEN ALS HAUPTGERICHT ODER 8 PORTIONEN ALS VORSPEISE

1 Löwenzahnwurzel, gewürfelt
2 Zwiebeln, fein gewürfelt
4 EL Rapsöl
5 Handvoll Löwenzahnblätter, fein geschnitten
etwas Zitronensaft
Schwarzer Pfeffer, frisch gemahlen
1 TL Niora-Paprika oder Rosenpaprika
½ TL Kurkuma
Salz
160 ml Sahne
300–400 g Vollkorn-Spaghetti

- In der trockenen Pfanne zunächst die Wurzelstückchen kurz anbraten, so dass sie etwas Farbe nehmen, herausnehmen, beiseite stellen.
- Zwiebeln in der Pfanne in Rapsöl dünsten, bis sie leicht angebräunt sind, die Hälfte der Löwenzahnblätter, -wurzeln, Gewürze und Sahne hinzufügen, gut durchrühren, Temperatur reduzieren, so dass die Pfanne nur ganz leicht simmert. Vor dem Servieren kräftig abschmecken.
- Spaghetti entsprechend der Packungsanleitung al dente kochen.
- Kurz vor dem Servieren auf heißen Tellern anrichten: In die Mitte mit einer Fleischgabel eine Rose Spaghetti setzen, in die Mitte Löwenzahnsahne und 1–2 Blätter geben. Zum Schluss über den gesamten Teller klein geschnittene Blätter streuen.

TIPP

Dazu schmeckt Kurzgebratenes vom Rind oder Schwein. Alternativ kann man auch 150 g Schafskäse in die Löwenzahnsauce broseln.

Sauerampfer, Wiesen-

Rumex acetosa • Aromatisch Sauer

Wegen seines hohen Vitamin-C-Gehalts, der Oxalsäure, den Gerbstoffen und Flavonoiden stärkt Sauerampfer das Immunsystem. Er sollte jedoch nicht andauernd in großen Mengen roh verzehrt werden, denn die Oxalsäure behindert die Aufnahme von Kalzium aus der Nahrung.

ERKENNEN IN DER KÄLTE

- Auf unbewirtschafteten Wiesen und an Ackerrändern kann der Wiesen-Sauerampfer auch im Herbst und Winter gesammelt werden.
- Der Wuchs ist in der kalten Jahreszeit träger und geduckter.
- Der Wiesen-Sauerampfer wächst ganzjährig, die oberirdischen Pflanzenteile sterben auch unter der Schneedecke nicht komplett ab.
- Die Halbrosettenblätter sind lang gestielt, spieß- bis pfeilförmig-länglich mit deutlich pfeilförmigem Blattgrund.

ÄHNLICHE PFLANZEN

Da in der kalten Jahreszeit der wichtigste Verwechsler, der Gefleckte Aronstab (*Arum maculatum*), nicht vorkommt, kann der Wiesen-Sauerampfer lediglich mit anderen Ampfer-Arten verwechselt werden.

Der Kleine Sauerampfer (*Rumex acetosella*) unterscheidet sich mit deutlich spießförmigerer Basis und zwei waagerecht abstehenden Basallappen und der Krause Ampfer (*Rumex crispus*) mit kraus gewellten Blatträndern.

Andere Ampfer-Arten sind nicht so wohlschmeckend wie der Wiesen-Sauerampfer, aber beim Verzehr von geringen Mengen ebenso wenig schädlich für unsere Gesundheit.

SAMMELN UND VERWENDEN

Blätter inklusive Stiele können gesammelt und verwendet werden.

KULINARISCHES

Der saure Geschmack, der dem Sauerampfer seinen Namen gab, verändert sich auch in der kalten Jahreszeit nicht. Gerade im Winter wird die Pflanze wegen des erfrischenden, aromatischen, an Zitrone erinnernden Geschmacks sehr geschätzt. Der Wiesen-Sauerampfer ist eine der Zutaten der Frankfurter Grünen Sauce.

ZUBEREITUNG KALT: Die rohen Blätter geben Salaten im Winter eine perfekte Note, sie können allen kalten Speisen beigemischt werden, die eine saure Komponente vertragen können, wie Gurken- oder Nudelsalat. Die Verwendung von Zitrone oder Essig in den Salatdressings sollte dann etwas reduziert werden.

ZUBEREITUNG WARM: Sein Geschmack passt hervorragend zu Fisch und hellem Fleisch.

TIPP

Gebratener Fisch wird mit einer Sauerampfersauce zu einer Überraschung. Hierzu wird eine fein gehackte Zwiebel mit einer Knoblauchzehe in Butter glasig gedünstet, eine Handvoll fein geschnittener Blätter zugegeben, ganz kurz mitgedünstet, mit Fischfond und Sahne aufgegossen und etwas leise geköchelt. Püriert, mit Salz, Pfeffer und Muskat abgeschmeckt kann die leckere Sauce zum Fisch serviert werden.

Wilde Veggie-Burger

Die Burgerbrötchen lassen sich aus dem Brotrezept (siehe Seite 40) mit Zugabe von etwas Olivenöl selber herstellen. Die Patties schmecken solo wunderbar als vegetarische Bratlinge.

ZUBEREITUNGSZEIT: CA. 60 MINUTEN
FÜR 4 PORTIONEN

1 l Gemüsebrühe
150 g Reis (oder eine Mischung aus Quinoa, Amaranth, Hirse, Buchweizen)
2 Möhren, fein geraspelt
2 Zwiebeln, gewürfelt
150 g Emmentaler, gerieben
2 Eier
3 EL Wildkräuter, fein gehackt
Pfeffer, frisch gemahlen
Salz
Semmelbrösel
1 TL Butterschmalz
4 Burgerbrötchen
12 Sauerampferblätter
4 Tomaten, in Scheiben geschnitten
1 Avocado, in Spalten geschnitten

- Gemüsebrühe zum Kochen bringen. Reis hinzugeben und 15 Minuten garen. Abgießen und abkühlen lassen.
- Möhren, Zwiebeln und Emmentaler in einer Schüssel mischen.
- Abgekühlten Reis dazugeben. Eier hinzufügen und alles gut verrühren. Die Masse mit Wildkräutern, Pfeffer und Salz kräftig würzen. Nach und nach Semmelbrösel hinzugeben und alles erneut vermengen, bis eine gleichmäßige Masse entsteht. 15 Minuten quellen lassen.
- Aus der Reismasse 4 Patties formen und in Semmelbröseln wälzen. Butterschmalz in einer Pfanne erhitzen und Bratlinge von beiden Seiten goldbraun braten. Auf Küchenpapier abtropfen lassen
- Burgerbrötchen aufschneiden, toasten, mit je 3 Sauerampferblättern und den Patties belegen, je 1 Tomatenscheibe darauf platzieren und mit einigen Avocadospalten belegen, Deckel aufsetzen und sofort servieren.

CHILI-BURGER

Wer es gerne etwas schärfer mag, kann eine Hälfte des Brötchens mit einer Chili-Tomaten-Sauce bestreichen. Dazu 1 gewürfelte Zwiebel mit 1 fein geschnittenen Knoblauchzehe und 1 fein gehackten Chilischote in Öl andünsten, mit 2 EL Rotwein ablöschen, 2 EL Tomatenmark einrühren, 1 kleine Dose stückige Tomaten zugeben, 10 Minuten einköcheln lassen, mit etwas Zucker, Salz und Pfeffer abschmecken und abkühlen lassen.

Schafgarbe, Wiesen-

Achillea millefolium • Scharf Aromatisch Würzig Herb

Von dieser wunderbaren Würz- und Aromapflanze findet man in der kalten Jahreszeit die kleinen nachgewachsenen Blättchen. Blütenstängel oder gar Blüte sind im Winterhalbjahr sehr, sehr selten.

ERKENNEN IN DER KÄLTE

- Den auf Wiesen und an Waldrändern ganz unscheinbar im Gras wachsenden Blättchen sollte man die ganze Aufmerksamkeit schenken. Sie sind im Herbst und Winter Vorboten aus den unterirdischen Wurzeln. Solange die Vegetation ein Wachstum möglich macht, findet man sie.
- Die Blätter sind zwei- bis dreifach gefiedert, von der mittleren Blattachse stehen rechts und links die Fiederchen ab. 10–15 oder sogar bis 20 solcher Fiederpaare machen ein Blatt aus.
- Das gesamte Blatt läuft lanzettlich spitz aus.

ÄHNLICHE PFLANZEN

Prägt man sich das zarte Fiederblatt der Schafgarbe und seinen typischen Geruch ein, kann man sie mit anderen Pflanzen, die ebenfalls Fiederblätter tragen, nicht verwechseln. Zum Beispiel hat Rainfarn (*Tanacetum vulgare*) einen ganz anderen intensiven Geruch.

SAMMELN UND VERWENDEN

Im Herbst und Winter sind diese Blätter mit den unzähligen Fiederchen das größte kulinarische Geschenk, das man finden kann.

KULINARISCHES

Ein Blättchen zwischen den Fingern zerrieben bringt den unnachahmlichen Duft der Schafgarbe mit ihren ätherischen Ölen, Bitter- und Gerbstoffen sowie dem reichhaltigen Aroma zu Tage. Dieser typisch würzige Geruch mit leichter Schärfe lässt erahnen, welche Kraft in dieser Pflanze steckt. Zerkaut man ein Blatt sorgfältig, kommt eine sehr aromatische Note durch, die entfernt an Muskat erinnert und etwas Scharfes mit sich bringt.

Von der mehr oder weniger zähen Mittelachse des Blattes kann man zwischen zwei Fingern die Fiedern abstreifen, denn sie sind es, die aromatisch-würzig, bitter und herb, auch etwas adstringierend und scharf sind.

TIPP

Zauberformel für einen besonderen Gurkensalat: Fein gehackte Schafgarbenblätter in Sahne, angemacht mit Essig, Salz, Pfeffer, 1 Löffelspitze Honig, zusammen mit einer gehobelten Salatgurke (durchgezogen mit Salz und kurz vorher abgesiebt). Kurz vor dem Servieren anmachen.

ZUBEREITUNG KALT: In der kalten Küche gilt es, die Kraft der Schafgarbe über einen Träger herauszuziehen: Salatsauce, Sahne, Öl oder Nüsse.

ZUBEREITUNG WARM: Fein geschnitten sind die feinen Blätter für Topping und Gremolata der letzte Pfiff und für Gemüse-, Kartoffel- und Fleisch- sowie Fischgerichte eine sehr aromatische Würze.

Wildkräuterbraten

Ein Rinderbraten bekommt durch das Bestreichen mit Wildkräuteröl eine aromatische Würze. Probieren Sie es einmal aus! Verwenden Sie dafür, was die Wildkräuterernte gerade ergeben hat.

ZUBEREITUNGSZEIT:
CA. 90 MINUTEN + 3 STUNDEN GARZEIT

FÜR 6 PORTIONEN

BRATEN

30 g Butterschmalz
1,5 kg Schaufelstück vom Rind, küchenfertig
Salz
Pfeffer, frisch gemahlen
250 g Wurzelgemüse, grob gewürfelt
500 ml Rotwein, kräftig
750 ml Rinderfond
4 Wacholderbeeren
2 Nelken
8 Pfefferkörner, schwarz
4 Pimentkörner
4 Lorbeerblätter
evtl. 1 EL Wildbeeren (z. B. Vogelbeeren oder Schlehen)

PASTE

50 g Senf
2 EL Olivenöl
Je 2 EL Schafgarbe, Dost, Löwenzahn, Brennnessel, fein gehackt

SAUCE

2 Kräuterprinten, klein geschnitten

- Butterschmalz in einem Bräter erhitzen. Fleisch mit Salz und Pfeffer einreiben und von allen Seiten kross anbraten. Herausnehmen und beiseite stellen.
- Gemüse in den Bräter geben und kräftig anrösten, bis sich ein dunkler Bratensatz am Topfboden gebildet hat. Diesen mit der Hälfte des Rotweins ablöschen und fast vollständig einkochen lassen. Restlichen Wein, Fond, Gewürze und evtl. Wildbeeren zufügen.
- Aus Senf, Olivenöl, Schafgarbe, Dost, Löwenzahn und Brennnesseln eine Paste anrühren. Fleisch in den Bräter geben und mit einem Teil der Paste bepinseln. Bei geschlossenem Deckel und reduzierter Hitze ca. 3 Stunden leise köcheln lassen. Dabei gelegentlich das Fleisch wenden und erneut mit der Wildkräuterpaste bepinseln.
- Weich geschmortes Fleisch aus der Sauce heben und ca. 10 Minuten nachgaren lassen. Sauce durch ein feines Sieb passieren, in den Topf zurückgießen, Printen dazugeben und um die Hälfte einkochen lassen. Mit Salz und Pfeffer abschmecken.
- Fleisch quer zur Faser aufschneiden und mit der Sauce servieren.

Rote Taubnessel

Taubnessel, Rote –, Weiße – und Goldnessel

Lamium purpureum, Lamium album, Lamium galeobdolon • Aromatisch Grasig

Die Weißen Taubnesseln und die Goldnesseln sind winterharte Stauden und haben ihre Hauptblütezeit im Frühling, blühen aber häufig noch ein zweites Mal im Herbst. Die Roten Taubnesseln sind einjährige Samenpflanzen, die auch noch im Herbst keimen und den Winter blühend überleben können.

ERKENNEN IN DER KÄLTE

- Charakteristisch für Taubnesseln sind ein vierkantiger Stängel und zweigeteilte Lippenblüten.
- Die Blätter sind gegenständig angeordnet, oval oder pfeilförmig und gefleckt oder gestreift. Die Blattränder sind auffällig gezähnt.
- Ihre Namen verdanken die Pflanzen der Tatsache, dass ihre Blätter stark denen der Brennnessel ähneln, lästige Brennhaare hat die Taubnessel aber nicht.
- Die röhren-, glocken- oder trichterförmigen Lippenblüten sitzen in Quirlen an den Stängeln.
- Im Herbst und Winter findet man eventuell nur die jungen Triebe, die ihre stumpf wirkenden Blätter gen Himmel richten.

ÄHNLICHE PFLANZEN

Taubnesseln untereinander kann man außerhalb der Blütezeit verwechseln. Die Weiße Taubnessel könnte zudem als Brennnessel angesehen werden, die jedoch durch ihre Brennhaare eindeutig bestimmt werden kann.

SAMMELN UND VERWENDEN

Triebspitzen und Blüten der Taubnesseln können ganzjährig gesammelt und verwendet werden.

KULINARISCHES

Goldnessel

Taubnesseln bereichern unseren Speiseplan im Winter ungemein, da das Blattgrün absolut überraschend schmeckt: die Goldnessel blumig-aromatisch, die Weiße Taubnessel grasig-süßlich und die Rote Taubnessel mit aromatischem Pilzaroma. So vielseitig die Taubnessel-Arten im Geschmack sind, so abwechslungsreich kann man sie in der Küche einsetzen.

ZUBEREITUNG KALT: Junge, nachgewachsene Blätter und Triebe sowie die Blüten eignen sich hervorragend als Beigabe zu Salaten, in Smoothies oder fein geschnitten in Kräuterbutter oder -quark.

ZUBEREITUNG WARM: Gerade in der kalten Jahreszeit eignen sich Taubnesseln für Gemüsegerichte.

TIPP

Das aromatische Pilzaroma der Roten Taubnessel gibt Bratlingen einen besonderen Pfiff. Hierzu werden die Patties aus dem Burger-Rezept (siehe Seite 84) anstelle der gemischten Wildkräuter ausschließlich mit der Roten Taubnessel zubereitet. Die Bratlinge werden mit einem leckeren Dip aus Joghurt mit Purple Curry und einem Salat serviert.

Wildkräuterschnitzelchen à la Saltimbocca

Das schnelle Schnitzelchen mit Taubnessel, Zitrone und etwas würzigem Speck ist eine erfrischende Abwechslung im Winter.

ZUBEREITUNGSZEIT: CA. 50 MINUTEN

FÜR 4 PORTIONEN ALS HAUPTGERICHT ODER 8 PORTIONEN ALS VORSPEISE

SCHNITZEL

8 kleine Schweineschnitzelchen, je 80 g
Salz
Pfeffer, frisch gemahlen
4 Scheiben gut durchwachsener Schinkenspeck, halbiert
8 große Taubnesselblätter
1 Bio-Zitrone, in 8 halbe Scheiben geschnitten
8 Zahnstocher
Bratöl

ZITRONENSAUCE

1 kleine Zwiebel, fein gewürfelt
2 Scheiben gut durchwachsener Schinkenspeck, fein gewürfelt
100 ml Sahne
1 TL Taubnesselblätter, fein gehackt
1 Bio-Zitrone, Saft und etwas Schalenabrieb
Salz
Pfeffer, frisch gemahlen
Evtl. etwas Weißwein

- Schnitzelchen unter Folie gut klopfen, mit Salz und Pfeffer würzen.
- Backofen auf 200 °C Ober-/Unterhitze vorheizen.
- Schinkenspeck, Taubnesselblätter und Zitrone als Päckchen mit einem Zahnstocher auf dem Schnitzelchen befestigen – oberste Schicht Zitrone. Man kann auch Blatt, Zitrone und Speck in das Schnitzelchen einwickeln.
- Päckchen in einer Pfanne mit Bratöl von beiden Seiten krossbraten und im heißen Backofen warmhalten.
- Für die Zitronensauce Zwiebelwürfel in der Fleischpfanne mit Schinkenwürfeln andünsten und mit Sahne ablöschen.
- Mit Taubnesselblättern, Zitronensaft, Zitronenabrieb, Salz und Pfeffer würzen. Falls noch Flüssigkeit fehlt, etwas Weißwein hinzufügen.
- Schnitzelchen mit der Zitronensauce und einer beliebigen Beilage servieren.

NESSEL-FOCACCIA

Aus einem Hefeteig (siehe Seite 40, mit 2 EL Öl) kann eine Focaccia als Beilage hergestellt werden: Fein geschnittene Taubnesselblätter werden in den Teig eingearbeitet. Den Teig als Vierecke oder Rundlinge ausrollen. Mit den Händen Vertiefungen in den Teig drücken, mit Olivenöl bestreichen und mit Zwiebelringen und gehackten Haselnüssen belegen. Bei 220 °C Ober-/Unterhitze ca. 20 Minuten backen und mit grobem Salz und etwas Olivenöl servieren.

Vogelmiere, Gewöhnliche

Stellaria media • Aromatisch Süßlich Nussig

Die Gewöhnliche Vogelmiere ist auch im Winter zu finden und wächst selbst unter einer Schneedecke weiter. Die hübsche, zarte, meist einjährige krautige Pflanze stirbt ab, nachdem sie eine große Menge der kleinen, braunen Samen hervorgebracht hat.

ERKENNEN IN DER KÄLTE

- Die Vogelmiere hat auch in der kalten Jahreszeit niederliegende, verzweigte und belaubte Stängel, die 5–20 cm hoch werden. Nur die unteren Blätter haben Stiele.
- Eindeutiges Erkennungsmerkmal ist die einzelne Haarlinie am Stängel, die an eine Punkerfrisur erinnert.
- Sie blüht unermüdlich mit entzückenden weißen Sternblüten, die 5 tief gespaltene Kronblätter aufweisen.

ÄHNLICHE PFLANZEN

Der leicht giftige Acker-Gauchheil (*Anagallis arvensis*) kann vor der Blüte (orange-rot) verwechselt werden – hier ist die Haarlinie bei der Vogelmiere zu beachten.

Andere wintergrüne Verwandte wie die Große Sternmiere (*Stellaria holostea*) oder die Gras-Sternmiere (*Stellaria graminea*) sind nicht giftig und lassen sich immer gut an dem eindeutigen Erkennungsmerkmal der Gewöhnlichen Vogelmiere – der einseitigen Haarlinie – unterscheiden.

SAMMELN UND VERWENDEN

Man erntet die Triebe mit Blüten und Samen.

KULINARISCHES

Die Triebspitzen haben ganzjährig einen aromatischen, etwas süßlich-nussigen Geschmack, der an Erbsen oder Mais erinnert. In der kalten Jahreszeit sind sie eine willkommene, leckere, vitaminhaltige und sehr wertvolle Ergänzung des Speiseplanes.

ZUBEREITUNG KALT: Der wunderbare Geschmack bereichert roh alle kalten Speisen und eignet sich auch als Beigabe zu Smoothies.

ZUBEREITUNG WARM: Die Vogelmiere ist bedingt hitzeverträglich und sollte daher erst kurz vor dem Servieren über heiße Speisen gegeben werden.

Grüner wilder Smoothie

Gerade im Winter sind grüne Smoothies so wertvoll, da in den grünen Pflanzenblättern sehr viele wichtige Vitamine enthalten sind.

ZUBEREITUNGSZEIT: CA. 10 MINUTEN
FÜR 2 PORTIONEN

3 Handvoll Vogelmiere, etwas zerkleinert
1 Banane, geschält
1 Apfel, geviertelt
1 Scheibe Zitrone, geschält
1 Orange, geschält und geviertelt
200–300 ml stilles Wasser

- Vogelmiere und Obst mit 100 ml Wasser in ein Gefäß geben und mit dem Zauberstab pürieren.
- Mit Wasser auffüllen, bis der Smoothie die gewünschte Konsistenz hat, in 2 Gläser füllen und servieren. **Wichtig:** langsam trinken, am besten sogar kauen. 1 Smoothie = 1 Mahlzeit.

Wildkräuterdips

Diese Basisrezepte lassen sich mit Vogelmiere oder auch mit anderen Wildkräutern zubereiten.

Wildkräuterdip mit Frischkäse

ZUBEREITUNGSZEIT: CA. 10 MINUTEN
FÜR 4 PORTIONEN

150 g Frischkäse
50 g Joghurt
2 Handvoll Vogelmiere, fein geschnitten
Salz
Pfeffer, frisch gemahlen

- Frischkäse mit Joghurt verrühren.
- Vogelmiere untermischen, mit Salz und Pfeffer abschmecken und einige Stunden kalt stellen, damit sich das Aroma entfalten kann.

Veganer Wildkräuterdip

ZUBEREITUNGSZEIT: CA. 10 MINUTEN
FÜR 4 PORTIONEN

150 g Mandelmus
1 EL Olivenöl
1 TL Sirup
1 Bio-Zitrone, Saft und geriebene Schale
2 Handvoll Vogelmiere, fein geschnitten
Salz
Pfeffer, frisch gemahlen
Optional 1 Knoblauchzehe, gepresst

- Mandelmus mit Olivenöl, Sirup, Zitronensaft und -schale cremig rühren.
- Vogelmiere unterheben, mit Salz und Pfeffer und, wenn gewünscht, mit Knoblauch abschmecken.

Breit-Wegerich

Wegerich, Spitz- und Breit-

Plantago lanceolata, Plantago major • Herb Adstringierend Grasig

Wegeriche sind uns das ganze Jahr über treu. Wird ihnen das Wetter zu ungemütlich, drängen sie sich mit ihrer Blattrosette fest an die Erde, um sich zu schützen. Kommt die Sonne heraus, rekeln sie sich wieder nach oben und ziehen Aufmerksamkeit auf sich. Ihre tiefen Wurzeln machen es möglich.

ERKENNEN IN DER KÄLTE

- Blätter vom Breit-Wegerich erinnern von der Form her an einen Löffel, der mit Längsadern durchzogen ist – daran ändert sich auch in der kalten Jahreszeit nichts.
- Der Spitz-Wegerich zeigt auch im Herbst und Winter schmal-lanzettliche Blätter, ebenfalls mit Adern, die sich vom Blattgrund bis in die Spitze ziehen.

ÄHNLICHE PFLANZEN

Neben den beiden bekanntesten Wegerichen tritt in unseren Breiten auch der Mittlere Wegerich (*Plantago media*) auf. Er ist der Schönste von den dreien, aber gleichzeitig auch der, der am wenigsten Kulinarisches zu bieten hat. Auch er ist essbar, wenn auch nicht lecker.

Andere Wegericharten stellen ebenso keine Gefahr dar.

SAMMELN UND VERWENDEN

Man kann alle Blätter ernten, die grün und knackig sind. Bei der Ernte trennt man junge und alte Blätter, weil sie unterschiedlich verarbeitet werden. Welche der oberirdischen Sprosse lecker sind, ist gut zu erkennen. Beide Wegeriche zählen zu den Pflanzen, auf denen gerne Wanderer oder Pferde herumtreten. Erst wenn die Blätter sich davon erholt haben, richten sie sich wieder auf.

KULINARISCHES

Ihr Geschmack ist leicht bitter, durch die Gerbstoffe eher derb und grasig. Bei der Verarbeitung wichtig: Blätter immer quer zur Blattader schneiden. Gerade im Winter können diese Adern zäh und bei den älteren Blättern sogar ungenießbar sein. Die jungen, zarten Blätter sind eher für Salate von Interesse, die älteren, eher zäh und faserig, können für Füllungen, Eintöpfe oder Fleischgerichte gut verwendet werden: entweder fein geschnitten oder blanchiert geschnitten.

ZUBEREITUNG KALT: Im Salat, fein geschnitten in Butter oder Öl, Quark, Aufstrich, Pesto.

ZUBEREITUNG WARM: Als Topping und Gremolata für Gemüse-, Kartoffel- und Fleisch- sowie Fischgerichte und Feinkost.

Spitz-Wegerich

Gebackene Wegerichblätter – wildes Fingerfood

Das etwas Derbe von Wegerichblättern kann man sehr elegant mit einem Ausbackteig überspielen. Beim Verspeisen nimmt man zuerst den Wohlgeschmack des fein abgeschmeckten Dinkelteiges wahr und dann die typischen Aromen der wilden Blätter, so werden auch die, die keine Wildkräuter mögen, zu echten Fans.

ZUBEREITUNGSZEIT:
CA. 30 MINUTEN + 4 STUNDEN ZIEHZEIT

FÜR 6 PORTIONEN ALS VORSPEISE ODER PICKNICK

TEIG
2 Eier
100 ml Milch
100 ml Bier (kann durch Milch oder Wasser ersetzt werden)
100 g Dinkelvollkornmehl
Salz
Pfeffer, frisch gemahlen
Piment d'Espelette

ZUM AUSBACKEN
Rapsöl
3 Handvoll Blätter

- Für den Teig alle Zutaten miteinander verschlagen und sehr gut würzen, im Kühlschrank bis zu 4 Stunden ziehen lassen, damit das Mehl quellen kann.
- Unmittelbar vor dem Essen: Öl in einer Pfanne erhitzen. Blätter jeweils einzeln durch den Teig ziehen, eventuell den Teig abstreifen, der zu dick auf den Blättern sitzt, und in das heiße Fett geben, von beiden Seiten goldbraun backen und von Küchenkrepp überschüssiges Fett aufsaugen lassen. Sofort servieren.

ULTIMATIVER DIP ZU WILDKRÄUTERGERICHTEN

Bereiten Sie einen frisch-scharf-zitronigen Dip zu aus Joghurt, Zitronenschale und -saft, Salz, ganz wenig Honig und für die Schärfe Purple Curry und Tasmanischen Pfeffer. Bei dieser Kombination überrascht nicht nur der Geschmack, auch die violette Farbe wird Aufmerksamkeit erregen.

MEHR WILDES FINGERFOOD

Lecker sind auch gebackene Blätter von Löwenzahn, Giersch, Brennnessel, Gundermann, Wald-Engelwurz und anderen Wildkräutern.

Wiesenknopf, Kleiner

Sanguisorba minor • Bitter Aromatisch Herb

Der Kleine Wiesenknopf, häufig auch Pimpinelle genannt, ist eine ausdauernde, meist wintergrüne, krautige Pflanze, die Frosttemperaturen bis zu –20 °C aushält. Er ist klassischer Bestandteil der Frankfurter Grünen Sauce.

ERKENNEN IN DER KÄLTE

- Der Stängel ist aufrecht mit meist wechselständig angeordneten Laubblättern im unteren Bereich, weiter oben gegenständig, am Grund stehen die Blätter auch rosettig.
- Die unpaarig gefiederten Blätter haben 3–12 Paare von Fiederblättchen.
- Die Blättchen sind 0,5–2 cm lang und tragen jeweils 3–9 Zähne.
- Ihre Früchte reifen meist im Herbst und bleiben über den Winter an der Pflanze haften.
- Der Kleine Wiesenknopf erreicht Wuchshöhen von 20–50 cm, vereinzelt aber auch mehr.

ÄHNLICHE PFLANZEN

Der Große Wiesenknopf (*Sanguisorba officinalis*) sieht dem Kleinen sehr ähnlich und ist (gerade im Winter) hauptsächlich durch den Standort zu unterscheiden, da der Kleine Wiesenknopf vor allem auf Magerwiesen zu finden ist und der Große in Feuchtgebieten.

Beide Arten sind essbar und auch ähnlich im Geschmack, der Kleine zeichnet sich jedoch durch das intensivere Aroma aus.

SAMMELN UND VERWENDEN

Man verwendet in der kalten Jahreszeit hauptsächlich die Blätter. Die Blattstiele sind im Herbst und Winter häufig zu zäh.

KULINARISCHES

Während der Geschmack des Kleinen Wiesenknopfs im Frühjahr und Sommer sehr frisch, aromatisch, dezent nussig, mit leicht gurkenähnlichem Aroma sowie einer leicht bitteren Note ist, nehmen im Winter die Frische und das Gurkenaroma ab und die bittere Note zu.

ZUBEREITUNG KALT: Die Blätter lassen sich roh als Würzkraut vielseitig einsetzen.

ZUBEREITUNG WARM: Da das Aroma beim Erhitzen schnell verfliegt, gibt man das Würzkraut immer erst nach dem Kochen in heiße Speisen, wie Suppen, Saucen und Gemüse.

Wiesenknopf-Zaziki

Mit einem Bratling kann Wiesenknopf-Zaziki als wunderbar aromatische, vegetarische Hauptspeise gezaubert werden.

ZUBEREITUNGSZEIT: CA. 20 MINUTEN + 60 MINUTEN ZIEHZEIT
FÜR 6 PORTIONEN

200 g Quark (20%ig)
150 g Joghurt
180 g Feta, zerdrückt
1 Knoblauchzehe, fein gehackt
etwas Olivenöl
2–3 Handvoll Kleiner Wiesenknopf, fein gehackt
1 Apfel, sehr klein geschnitten
Salz
Pfeffer, frisch gemahlen

- Den Quark mit Joghurt, Feta, Knoblauchzehe und Olivenöl cremig rühren, Kräuter und Apfelstücke unterheben.
- Kräftig würzen und vor dem Servieren 1 Stunde im Kühlschrank durchziehen lassen, nochmals durchmengen und abschmecken.

Kartoffeldressing mit Wildkräutern

Die Kombination von Kartoffeln und Wiesenknopf ergibt ein wunderbares Salat-Dressing mit feiner Würze, das auch auf Vorrat im Kühlschrank eine Woche aufgehoben werden kann.

ZUBEREITUNGSZEIT: CA. 15 MINUTEN
FÜR 4 PORTIONEN

2 EL Rapsöl, kaltgepresst
3 Schalotten, fein gewürfelt
2 Kartoffeln, gekocht, fein gewürfelt
200 ml Wasser
1 TL Gemüsebrühe
6 EL Weißweinessig
1 EL Senf
Salz
Pfeffer, frisch gemahlen
1 Handvoll Wiesenknopfblätter, fein geschnitten
½ Handvoll Gundermannblätter, fein geschnitten

- Öl erhitzen, Schalotten und Kartoffeln darin ca. 1 Minute andünsten.
- Wasser angießen, aufkochen und Gemüsebrühe einrühren. Ca. 10 Minuten köcheln. Kartoffeln in der Brühe mit einer Gabel fein zerdrücken.
- Restliche Zutaten hinzufügen und abschmecken.
- Abkühlen lassen und als Salatdressing nutzen.

WAS SONST NOCH IM WINTER WÄCHST

Wald-Sauerklee klappt seine Blättchen ein, um sich vor Regen und Kälte zu schützen.

NOCH MEHR WILDKRÄUTER

Hier finden Sie eine Auswahl weiterer bekannter Wildkräuter, die in der kalten Jahreszeit unseren Speiseplan erweitern.

Gänse-Fingerkraut

Guter Heinrich

GÄNSE-FINGERKRAUT *Potentilla anserina*

KRIECHENDES FINGERKRAUT *Potentilla reptans*

Die Blätter schmecken auch im Winter recht mild, sind dann jedoch schon mal faserig und eher gekocht als Gemüse zu empfehlen. Sie lassen sich gut mit anderen Wildkräutern oder Gemüse mischen. Falls zarte, frische Blätter nachgewachsen sind, eignen sich diese auch roh in Salat oder im Smoothie.

GUTER HEINRICH *Chenopodium bonus-henricus*

Die würzigen und pikanten Blätter, die viel Vitamin C, Kalium, Eisen und Provitamin A enthalten, können wie Spinat gedünstet oder roh Salaten oder Wildkräutersmoothies beigegeben werden. Sie schmecken hervorragend in Butter gebraten mit einer Prise Salz und Zitronensaft gewürzt. Mit zunehmendem Alter werden die Blätter bitter, da der Oxalsäuregehalt ansteigt.

SPIESS-MELDE *Atriplex prostrata*

GARTEN-MELDE *Atriplex hortensis*

RUTEN-MELDE *Atriplex patula*

Melden sind einjährig, aber winterhart und können somit auch noch im Herbst und Winter geerntet werden. Für den Rohverzehr sind die Blätter jedoch nicht mehr geeignet, da sie faseriger und bitterer sind. Als Gemüse lassen sie sich noch, mit anderen Wildkräutern gemischt, gut verwerten.

Echter Ehrenpreis *Veronica officinalis*
Gamander-Ehrenpreis *Veronica chamaedrys*
Efeu-Ehrenpreis *Veronica hederifolia*

Einheimische Ehrenpreis-Arten sind einjährig oder mehrjährig und vertragen Minustemperaturen problemlos. Die oberirdischen Pflanzenteile sind zwar essbar, haben jedoch einen recht bitteren und wenig aromatischen Geschmack. Als Beigabe zu Salaten oder Wildkräutersmoothies sind sie im Winter überaus gesund.

Wilde Brombeere *Rubus vulgaris*

Brombeerblätter sind sogar im Winter teilweise noch grün. In der Winterruhe färben sie sich leicht rot. Die Blätter der Brombeere können praktisch während der gesamten Vegetationsperiode gesammelt werden. Aufgrund des hohen Anteils an Gerbstoffen sollten Sie aber nur kleine Mengen verwenden. Sie lassen sich – gemischt mit anderem Grün – zu Smoothies verarbeiten.

Wilde Brombeere

Wald-Sauerklee *Oxalis acetosella*

Sauerklee ist häufig das ganze Jahr über zu finden. Das helle Grün, im Winter auch schon mal dunkler, die Wuchsform und das Saure machen ihn unverwechselbar. Er eignet sich vor allem als kleiner Snack im Vorübergehen, lässt sich aber auch kurz nach der Ernte gut in einem Salat verarbeiten.

Kriechender Günsel *Ajuga reptans*

Kriechender Günsel ist mehrjährig und wintergrün. Er schmeckt ganzjährig herb und bitter. Nutzen Sie die Blätter sparsam, als Würzkraut zu Salaten, Gemüse, Kartoffel und Eiergerichten.

Nachtkerze *Oenothera biennis*

Die rübenartigen Wurzeln der Nachtkerze sind so schmackhaft, dass sie nicht unerwähnt bleiben sollten. Sie erinnern geschmacklich etwas an Schwarzwurzeln und besitzen eine leichte Schärfe. Man kann sie als Gemüse zubereiten, in Suppen verarbeiten, roh in den Salat raspeln oder Chips daraus herstellen.

Nachtkerze

Kressen und Schaumkräuter

Sie begleiten Kräutersuchende im Herbst und Winter auf vielen Wegen. Ihr senfartiger bis scharfer Geschmack kann die kulinarischen Erlebnisse des Winters vielseitig gestalten. Wir haben hier einige typische Beispiele herausgesucht.

	Echte Brunnenkresse	Bitteres Schaumkraut
	Nasturtium officinale	*Cardamine amara*
LEBENSDAUER DER PFLANZE	ausdauernd	ausdauernd
STANDORT	Sümpfe und Gewässer	Gewässer, durchsickerte Böden
BLÄTTER	• kleine, grasgrüne, unpaarig gefiederte Laubblätter • Blattspindel behaart • 2 bis 4 (selten 1 oder 5) Fiederpaare mit Endblatt	• Keine grundständige Blattrosette • wechselständig,kurz gestielt • Blattspreite unpaarig fiederteilig • meist 2–4, manchmal auch bis zu 8 Fiederpaare und ein etwas größeres Fiederblatt am Ende
STÄNGEL	• hohle, kantig runde kahle Stängel • im Wasser liegend • bis 90 cm lang	• unverzweigter, kahler oder behaarter, kantiger Stängel, markgefüllt • aufsteigende, gefurchte, stark beblätterte Stängel • Wuchshöhe 10–60 cm
ERNTE	Blätter und Stängel – solange sie grün sind. Nur in fließenden Gewässern ernten, nicht in stehenden (wegen Verunreinigungen in Weidegebieten, Colibakterien, Eier des Großen Leberegels – wenn da geerntet wird, müssen die Blätter und Stängel gekocht werden).	
GESCHMACK	frisch, leicht scharf	• scharf • Bitterstoffe sorgen für entsprechenden Geschmack
VERWENDUNG	in erster Linie roh in Salaten, kalten Speisen und Suppen (am Schluss als grüne Deko)	in rohen, kalten und warmen Gerichten dominierend im Geschmack
INHALTSSTOFFE *)	Senfölglykoside, Flavonoide, Vitamin C, Chlorophyll	Senfölglykoside, Bitterstoffe, Mineralstoffe, Vitamin C, Chlorophyll
VERWECHSLER	Untereinander verwechselbar, es gibt eine ganze Reihe von Kressen und Schaumkräutern, die alle essbar sind.	

*) Quelle Inhaltsstoffe: Steffen Guido Fleischhauer u.a., Essbare Wildpflanzen, Baden und München 2007, 15. Auflage 20

Brunnenkresse: Dieses Bündel an Geschmack und Powerstoffen streckt uns seine kleinen Blätter entgegen.

Behaartes Schaumkraut	Winterkresse, Echtes Barbarakraut
Cardamine hirsuta	*Barbarea vulgaris*
einjährig	zweijährig
frische, nährstoffreiche, stickstoffhaltige, kalkfreie, eher saure und sandige Böden	Wegränder, Äcker, Kiesgruben, Bahndämme
• rosettig stehend • untere teils gestielt, rundlich nierenförmig oder verkehrt-eiförmig • 1–4 Fiederpaare und ein etwas größeres Endblatt • Blätter sind behaart	• halbrosettig stehend • dunkelgrüne, glänzende Blätter • untere fiederspaltig mit 2–4 Abschnitten und großem Endblatt • obere buchtig gezähnt, meist ungeteilt
• meist kahl, oben wenig ästig, aufrecht, kantig, nicht hohl • zahlreiche, bogig aufsteigende Äste, oft vielstängelig • 2–4 Stängelblätter • Wuchshöhe 7–30 cm	• gerillter Stängel • mit wechselständigen Blattansätzen • Wuchshöhe 30–60 cm
Blätter und Stängel – solange sie grün sind. Nur in fließenden Gewässern ernten, nicht in stehenden (wegen Verunreinigungen in Weidegebieten, Colibakterien, Eier des Großen Leberegels – wenn da geerntet wird, müssen die Blätter und Stängel gekocht werden).	
• ausgeprägt kresseartig • leicht pfeffrig, scharf-bitter	• scharf, würzig • in der Blütezeit am bittersten, im Herbst/Winter eher milder
als Salatgewürz, roh in kalten Zubereitungen	roh wohldosiert verwenden, strenges Aroma durch Blanchieren mildern Salat oder Gemüse
Senfölglykoside, Bitterstoffe, Mineralstoffe, Vitamin C, Chlorophyll	Senfölglykoside, Vitamin C, Chlorophyll
Untereinander verwechselbar, es gibt eine ganze Reihe von Kressen und Schaumkräutern, die alle essbar sind.	

KÖNIGINNEN DER WINTERBEEREN:
Schlehe und Vogelbeere

So verschieden sie auch sind – die Schlehe und die Vogelbeere –, die Verwandlung ihrer Beeren eint sie: Aus den ungenießbaren Früchten werden wohlschmeckende, interessante Vitaminbomben, die unseren Winterspeiseplan wunderbar bereichern.

Schlehe, Schlehdorn

Prunus spinosa • Würzig Herb Adstringierend

Sobald die Schlehen tiefblau und reif sind, verstecken sie sich hinter „Dornengittern". Das sollte uns jedoch nicht abhalten, die Früchte zu ernten. Sie sind wahre Kraftpakete und schmecken, richtig zubereitet, einfach köstlich.

ERKENNEN IN DER KÄLTE

- Der winterkahle, sparrige Schlehdorn wächst als Strauch oder als kleiner, oft mehrstämmiger Baum. Er erreicht gewöhnlich Wuchshöhen von 3 m.
- Die dunklen Beeren hängen im Winter an kahlen, reich verzweigten Sträuchern, die mit rechtwinklig abstehenden Dornen besetzt sind.
- Die Frucht des Schlehdorns ist eine kugelige, bereifte, blauschwarze Steinfrucht.

KULINARISCHES

Reife Früchte schmecken herb, junge hingegen sehr sauer. Geerntet werden die reifen Schlehen. Sie hinterlassen ein pelziges Gefühl im Mund aufgrund der Gerbstoffe. Durch Frosteinwirkung (Naturfrost oder Tiefkühlkälte) wird ein Teil dieser Gerbstoffe in den Früchten enzymatisch abgebaut. Sie sind nur bedingt für den Rohverzehr geeignet, durch Kochen, Einlegen oder Ansetzen (mit Alkohol zum Beispiel) geben sie aber gerne ihr köstliches Aroma frei.

KLASSISCHE BRATENSAUCE MAL ANDERS: Die Früchte wandeln eine klassische Bratensauce zusammen mit einer Printe oder einem Stück Sauerteigbrot zu einem ungewöhnlichen Geschmackserlebnis. Herb und fruchtig ist der Geschmack, der die Zunge verzaubert und gleichzeitig dem Magen eine Verdauungshilfe anbietet.

FRUCHTSAUCE – HERZHAFT UND FRUCHTIG-SÜSS: Eine Variante der Bratensauce, die auch Kindern schmeckt: Zunächst nur etwas Zucker karamellisieren, dann Schlehen dazugeben und schließlich mit Bratenfond ablöschen. Abschmecken mit etwas Scharf-Fruchtigem wie Tasmanischem Pfeffer oder Purple Curry.

SCHOKOLADENZAUBER: Die oben genannten Schlehen-Saucen-Varianten können mit Zartbitter-Schokolade ein weiteres Mal verzaubert, weihnachtlich mit Zimtblüte oder exotisch mit etwas Tonkabohne abgeschmeckt werden.

Vogelbeere, Eberesche

Sorbus aucuparia • Würzig Herb Adstringierend Sauer

Entgegen dem Gerücht, die Beeren seien giftig oder nicht essbar, sind sie für Vögel und Menschen ein wunderbares „Winterfutter". Sie enthalten wichtige Nährstoffe für die dunkle Jahreszeit und bringen entscheidende Abwechslung in den Speiseplan.

ERKENNEN IN DER KÄLTE

- Lange nachdem die Blätter abgefallen sind, erkennt man die Eberesche an ihren kleinen, runden, apfelähnlichen, orangerot leuchtenden Beeren, die in schirmartigen Rispen stehen.
- Die Beeren wachsen an mehrstämmigen Sträuchern oder kleinen Bäumen mit glatter, silbergrauer Borke.

KULINARISCHES

Die von Gerbstoffen und Säuren bestimmten Vogelbeeren sind für manche Gerichte ein wunderbarer geschmacklicher Gegenpol. Die enthaltene Parasorbinsäure, die zu Magenproblemen führen kann, wird durch Frosteinwirkung, Trocknen oder Kochen abgebaut. Falls die reifen Früchte vor dem ersten starken Frost geerntet werden, sollten sie für mindestens 12 Stunden ins Gefrierfach. Sie lassen sich zu Konfitüren, Mus, Sirup, Saft, Likören, Chutneys, Saucen von Schmor-, Sauer- und Wildbraten und Süßspeisen verarbeiten.

GETROCKNETE VOGELBEEREN: Zum Knabbern im Winter, für Müsli oder Müsiriegel oder als besonderer Genussmoment in Konfitüren, gewürzten Essigen oder Likören, Butter oder Saucen.

VOGELBEERBUTTER: Gehackte getrocknete Vogelbeeren mit Butter, Zitronenschale und -saft, Salz, Purple Curry, Tasmanischem Pfeffer und einem Hauch Honig vermengen und schon haben Sie eine Buttervariation, die viele Gäste begeistern wird.

NUR MUT – EXKLUSIVE FRUCHTAUFSTRICHE: Beeren langsam unter Rühren zum Kochen bringen, ca. 30 Minuten leise köcheln, andicken mit Gelierzucker oder einem „Steifmacher" der Wahl mit einer entsprechenden Zuckermenge – fertig ist der Vogelbeeraufstrich.

Oder: Dampfentsaftete Beeren durch eine Flotte Lotte geben, Mus und Saft zusammenfügen und einen Fruchtaufstrich daraus herstellen. Eine echte Bereicherung für Kuchen, Dessert, Eis und herzhafte Saucen.

Gundermann-Trifle mit Vogelbeeren

Der beliebte Schicht-Nachtisch in der Wildkräutervariation mit Wildbeeren kombiniert. Ideal auch als Party-Dessert.

ZUBEREITUNGSZEIT: CA. 45 MINUTEN
FÜR 4 PORTIONEN

2 Birnen, geschält, fein gewürfelt
2 Handvoll Vogelbeeren, frisch oder tiefgefroren
½ TL Gewürznelken
125 g Quark, 20%ig
½ Bio-Zitrone, Schalenabrieb
2 EL Honig
125 ml Sahne
1 EL Gundermannblättchen, fein geschnitten
2 Scheiben Pumpernickel, ca. 100 g

- Die Hälfte der Birnenwürfel und die Vogelbeeren und Nelken langsam unter Rühren erhitzen, köcheln bis sich die Vogelbeeren leicht zerdrücken lassen. Nelken entfernen und alles durch ein Sieb oder die Flotte Lotte passieren. Wieder in den Topf geben, mit dem Rest der Birnenwürfel kurz erhitzen, vom Herd nehmen und beiseite stellen.
- Quark mit Zitronenabrieb und Honig glattrühren. Sahne schlagen und Gundermann unterheben.
- Pumpernickel fein zerkrümeln und in einer beschichteten Pfanne ohne Fett anrösten.
- Quark, Mus und Pumpernickel abwechselnd in Dessertgläser schichten.
- Gekühlt servieren.

Wildbeerenlikör

Der Likör kann aus einer oder mehreren Wildbeeren-Arten und aus getrockneten oder frischen Beeren angesetzt werden. Grundregel: gleiche Menge Rohrohrzucker und Beeren.

ZUBEREITUNGSZEIT:
CA. 30 MINUTEN + 3–6 WOCHEN ZIEHZEIT

FÜR CA. 1,5 LITER

200 g Rohrohrzucker
200 g Schlehen und/oder Vogelbeeren und/oder Preiselbeeren
200 ml dunkelroter Saft, aus der eigenen Herstellung ohne zusätzlichen Zucker (oder als Muttersaft zu kaufen, z. B. Heidelbeere, Schwarze Johannisbeere oder Schwarzer Holunder)
1 l 38%iger Alkohol

- Zucker karamellisieren, bis er gut duftet und fast dunkelbraun ist. Beeren dazugeben und mit einem Holzlöffel unterrühren, 5–10 Minuten weitergaren. Sollte die Flüssigkeit nicht ausreichen, einen Teil vom Saft hineingeben. Die Beeren mit einem Kartoffelstampfer zerdrücken, falls sie nicht aufspringen.
- Gewürze und Saft hinzufügen, aufkochen lassen.
- Alkohol hinzufügen und alles in ein großes Glas füllen, das nach dem Erkalten abgedeckt wird. 3–6 Wochen bei Zimmertemperatur ziehen lassen.
- Wenn der Likör für gut befunden wird, die Beeren absieben und gut ausdrücken. Likör abfüllen und beschriften.

VARIANTEN MIT GEWÜRZEN

WINTERLICH: Zimtblüte (gemahlen) oder Zimtstange, Sternanis, etwas Gewürznelke

WEIHNACHTLICH: Lebkuchengewürz

FRUCHTIG: Orangen- und/oder klein geschnittene Zitronenschale

FEIN: Vanillestange, Tonkabohne

EXOTISCH: Koriander, Timut Pfeffer, klein geschnittene Orangenschale

TIPPS

- Liköre und andere alkoholhaltige Getränke sind dauerhaft haltbar, wenn sie einen Alkoholgehalt von mindestens 25 % haben. Gefäße und Geräte sollten sterilisiert werden.
- Sehr lecker über Eis oder Vanillecreme oder einfach nur so – gut gekühlt oder im Sommer auch mit einem Würfel Eis.
- Die Restbeeren vom Absieben können für ein „Erwachsenen-Eis“ verwendet werden, ähnlich wie auf Seite 120 beschrieben.

WALD FÜR FEINSCHMECKER:
Nadeln als Delikatesse

Auch Nadelbäume bieten uns in der kalten Jahreszeit besondere Genussmomente. Ganz gleich, ob im Herbst und Winter alles grün oder weiß ist, Nadeln von Tanne, Fichte oder Douglasie bleiben uns erhalten. Ja, sogar ein Bio-Weihnachtsbaum könnte zu kulinarischen Höhepunkten beitragen.

BESTIMMUNG DER BÄUME

Ein Dessert mit Fichtennadeln oder ein Gewürzsalz oder -zucker mit Weißtannennadeln? Unvorstellbar gut! Und dabei ist nichts einfacher als das, wenn man sie zunächst richtig bestimmt hat.

NADELN ERNTEN UND VERARBEITEN

Holen Sie die Nadeln möglichst schonend von den Zweigen. Dazu schneiden Sie einige Zweige ab und legen sie zunächst 1–2 Tage zum Trocknen auf ein Tuch. Dann lassen sie sich leichter von den Zweigen zupfen. Douglasiennadeln können sofort abgestreift werden. Sie können direkt weiterverarbeitet oder weiterhin zum Trocknen ausgelegt werden.

Mit einem leistungsstarken Mixer lassen sich die Nadeln in jedem Stadium leicht mahlen oder musen. Ist kein Mixer vorhanden, hacken Sie die Nadeln noch frisch mit einem scharfen Messer sehr klein. Sie können die Nadeln dann weiter trocknen lassen. Kurz vor der Zubereitung wird das Aroma mit einem Steinmörser wieder herausgeholt.

NADELN KULINARISCH

Das Aroma der Nadeln wird durch einen leicht harzigen Unterton bestimmt. Gerade dieser typische Geschmack macht Nadeln für die Küche so interessant.

KALTE ZUBEREITUNG: mit Salz, Butter oder Öl; als Dessert oder Leckerei mit Zartbitterschokolade.

IN WARMEN GERICHTEN: Würze für Gemüse-, Kartoffel-, Fleisch- und Fischgerichte, für Backwaren, Feinkost wie Senf, Chutney oder Würzöle.

Die Douglasie ist deutlich an ihren Zapfen zu erkennen. Zerreibt man die Nadeln tauchen Orangen- und Zitrusdüfte auf.

FICHTE, ROTTANNE *Picea abies*

Aromatisch Würzig Herb

Fichtennadeln sind ganz kurz gestielt, vierkantig und spitz. Zweige fühlen sich fest bis hart und eher pieksig an. Die Zapfen sind hängend.

Fichte, Rottanne

WEISSTANNE, EDELTANNE *Abies alba*

Aromatisch Würzig Herb

Die Nadeln von Weißtannen sind auf der Oberseite glänzend dunkelgrün, auf der Unterseite sind zwei weiße Linien zu erkennen. Es scheint so, als ob sie sich wie mit kleinen Saugnäpfen am Zweig festhalten würden. Sie haben einen zarten, orangigen Duft. Die Zapfen stehen aufrecht wie Kerzen.

Weißtanne, Edeltanne

DOUGLASIE, DOUGLASFICHTE *Pseudotsuga menziesii*

Aromatisch Würzig Herb

Die Nadeln der Douglasfichte sind sehr weich und zeigen auf der Rückseite ebenfalls zwei weiße bzw. helle Linien. Sie strömen einen feinen würzigen Duft aus.

ACHTUNG!

Eine Verwechslung mit der Eibe (*Taxus baccata*) kann tödlich sein. Die Nadeln unterscheiden sich jedoch wesentlich: Bei der Eibe sind sie weich, flach, spitz ohne zu pieken, unterseits matt und fast hellgrün, oberseits glänzend und dunkelgrün. Die Zweige der Eibe fühlen sich insgesamt sehr weich an.

Douglasie, Douglasfichte

Waldparfait

Ein ganz besonderer Nachtisch für das Festtagsessen an kalten Wintertagen.

ZUBEREITUNGSZEIT: CA. 45 MINUTEN + 2–3 TAGE TROCKNUNGSZEIT + 1 TAG GEFRIERZEIT

FÜR 6 PORTIONEN

VORBEREITUNG

5 Zweige von Fichte, Weißtanne oder Douglasie jeweils ca. 15 cm lang

SIRUP

½ Vanilleschote
50 ml Wasser
100 g Zucker
4–6 EL der zuvor gemahlenen Nadeln (ca. 40 g)

PARFAIT

1 EL Öl
4 Eigelbe
Prise Salz
vorbereiteten Sirup
300 ml Schlagsahne (mind. 30 % Fett)

DEKORATION

4 EL Zartbitterschokolade, geschmolzen
1 TL Bio-Orangenschalenabrieb

2–3 Tage vor dem Servieren

- Geerntete Zweige trocknen lassen, die Nadeln abstreifen. 6 Zweigspitzen oder 1 EL Nadeln ganz lassen und für die Deko beiseite legen, die anderen Nadeln im Mixer mahlen.

1 Tag zuvor

- **Nadelsirup:** Vanilleschote einritzen, Mark herauskratzen. Wasser mit Schote, Mark und Zucker sirupartig einkochen (ca. 15 Minuten). Vanilleschote herausnehmen, gemahlene Nadeln in den heißen Sirup rühren. Sirup heiß in die Schale füllen, in der die Eier aufgeschlagen werden. Kalt werden lassen.

Parfait

- Kastenform (20–30 cm lang) mit einem aufgeschnittenen Gefrierbeutel auslegen, mit Öl ausstreichen. Eigelbe mit Salz und Nadel-Sirup in einer Schüssel über einem Wasserbad mit dem Schneebesen cremig aufschlagen. Die Masse darf nicht zu heiß werden, sonst gerinnt sie.
- Creme auf Eiswasser kalt rühren. Sahne steifschlagen, unterheben und abschmecken, in Kastenform füllen, mit Klarsichtfolie abdecken, mind. 12 Stunden bei –18 °C gefrieren.

20 Minuten zuvor

- Parfait zum Antauen herausnehmen, auspacken, aus der Form stürzen.
- Die Nadeln für die Dekoration (oder auch kleine Zweigspitzen) in geschmolzene Schokolade, in abgeriebene Orangenschale und wieder in Schokolade tauchen. Auf Backpapier auskühlen lassen, am besten im Kühlschrank.

Zum Servieren

- Parfait aufschneiden, Scheiben auf Teller legen, mit Schokolade und Schokonadeln dekorieren.

NADELN ALS BESONDERES GEWÜRZ

- Hildegard von Bingen lässt grüßen, wenn man dem Nadelsalz Galgant und Kardamom untermischt. Mit etwas getrockneter Orangenschale kommt noch ein besonderes Aroma hinzu. Es mildert die Schärfe des Galgants.
- Risotto mit Pfiff: Zum Schluss mit Orangensaft und -schale sowie mit gemahlenen Nadeln würzen – am liebsten von der Weißtanne.
- Traditionelle Gerichte wie Königsberger Klopse bekommen ein völlig neues Gesicht: Verwenden Sie statt Kapern gemahlene Nadeln. Schmecken Sie mit Zitrone und Andaliman Pfeffer ab.

NADELWÜRZE

Ob Zucker oder Salz, Nadeln können wunderbar reizvoll würzen: Gemahlene Nadeln mit Salz oder Zucker in einem Mixer miteinander verbinden. Das Aroma wird zwar mit der Zeit weniger, haltbar sind diese Mischungen aber viele Monate.

SERVICE

Eine Fichte im Winterschlaf

Zum Weiterlesen

Bühring, U. (2020): Alles über Heilpflanzen; Erkennen. Anwendung und gesund bleiben. Verlag Eugen Ulmer, Stuttgart

Fleischhauer, S. U./ u.a. (2014): Essbare Wildpflanzen. AT Verlag, Aarau

Müller, F./ Ritz, C.M./ Welk, E./Wesche, K.(2021): Rothmaler - Exkursionsflora von Deutschland. Gefäßpflanzen: Grundband; 22. Neu überarbeitete Auflage. Springer Spektrum Verlag, Heidelberg

Bosch, M. (2020): Wildkräuter am Blatt erkennen: 66 essbare Arten. Kosmos-Verlag, Stuttgart

Schalk, S.:(2016): Die Kraft der Wurzeln: Verborgene Schätze unserer Heilpflanzen. Verlag Eugen Ulmer, Stuttgart

Höller, A./Grappendorf, D. (2019): Essbare Wildsamen: Finden, sammeln, vielseitig genießen. Verlag Eugen Ulmer, Stuttgart

Beiser, R. (2018): Unsere essbaren Wildpflanzen: Bestimmen, sammeln und zubereiten. Kosmos-Verlag, Stuttgart

Schneider, C. (2021): Wildkräuter finden. Der Blitzkurs für Einsteiger, Verlag Eugen Ulmer, Stuttgart

Wurft, M. (2020): Mein Wildkräuter-Buch: 30 essbare Pflanzen entdecken, sammeln und genießen, Verlag Eugen Ulmer, Stuttgart

Pirc, H. (2021): Bäume von A-Z: Erkennen und Verwenden; Verlag Eugen Ulmer, Stuttgart

Hissel, J./ Schwarzer, E. (2021): Das kleine Unkraut-Kochbuch. Verlag Eugen Ulmer, Stuttgart

Rechenburg, L. (2019): Dort oben sehe ich euch wachsen. Heilkräuter aus den Bergen – finden und anwenden; Verlag Löwenzahn, Innsbruck

Greiner, K (2016).: Superfood Heimische Wildpflanzen: Power aus Garten, Wald und Wiese, Verlag Eugen Ulmer, Stuttgart

Die Autorinnen

JANINE HISSEL

Jahrgang 1966, wohnhaft in Würselen ist auf dem Land aufgewachsen und in der Natur groß geworden. Wildkräuter sind ihre große Leidenschaft. Mehr Hintergründe zu erfahren, Zusammenhänge besser zu verstehen und das eher zufällig gesammelte Wissen zu vervollständigen - viele Gründe haben sie dazu veranlasst, 2014 die Ausbildung zur Kräuterpädagogin zu absolvieren und dann noch eine Weiterbildung zum Thema „Grüne Hausapotheke“ zu machen. Seitdem bietet sie Kochevents, Seminare und Kräuterwanderungen an: www.wald-und-wiesenblumen.de.

LIESA RECHENBURG

Jahrgang 1950, wohnt im Sommer in den Bergen, im Winter im Rheinland, hat sich nach 30 Jahren Ernährungsmarketing 2015 einen Lebenstraum erfüllt und in Osttirol in Österreich „Liesas Wildkräuterschule“ gegründet. Als Kräuterpädagogin bietet sie Kurse an, zum Kennenlernen von Wildkräutern über Schnupperwanderungen, Kochevents oder Almworkshops: www.gannerhof.at.

WILDKRÄUTER ÜBERRASCHEN IMMER

Wenn Sie Wildkräuter im Herbst und Winter gesammelt haben, werden Sie in diesem Buch stets ein Rezept finden, mit dem Sie Ihre Ernte zu einem kulinarischen Erlebnis verarbeiten können. Alle Rezepte und Anregungen sind in bestimmten Mengenangaben verfasst, die jedoch beliebig zu verändern sind. So kann sehr einfach aus einem Hauptgericht eine Vorspeise oder aus einer Vorspeise auch nur ein kleiner Gruß aus der Küche, ein Amuse Gueule, oder ein Mitbringsel für die nächste Party gezaubert werden.

WILDKRÄUTER	GRUNDREZEPTE	BEILAGE/BEIGABE	VORSPEISE	HAUPTGERICHT	DESSERT	FEINKOST	GEBÄCK	TO GO	PRÄSENTE	SEITE
Verschiedene	Wilder Wintersalat	✓	✓	✓						14
Verschiedene	Pesto und Senf	✓				✓		✓	✓	16/17
Verschiedene	Quiche und Tarte		✓	✓			✓	✓		19
Verschiedene	Lasagne und Strudel		✓	✓				✓		20
Verschiedene	Chutney	✓				✓		✓	✓	23

KRÄUTERBEISPIELE	REZEPTE	BEILAGE/BEIGABE	VORSPEISE	HAUPTGERICHT	DESSERT	FEINKOST	GEBÄCK	TO GO	PRÄSENTE	SEITE
Ackerhellerkraut	Wildkräuter-Hummus	✓	✓			✓		✓	✓	28
	Wildes Kartoffelgratin		✓	✓						28
Bachbunge	Rotkohlsalat		✓	✓				✓		32
Bärenklau, Wiesen-	Wiesen-Bärenklaublätter gefüllt mit Risotto	✓	✓					✓	✓	36
Brennnessel	Fächerbrot mit geschäumter Wildkräuterbutter	✓					✓	✓		40
	Wildkräuterschnecken	✓	✓				✓	✓		40
Dost	Hähnchenbrust unter Kartoffelhaube		✓	✓				✓		45
Engelwurz, Wald-	Kartoffel-Engelwurzpüree mit Topping und Chips		✓	✓						49
Franzosenkraut	Pfannkuchen-Variationen mit Wildkräuterfüllung	✓	✓	✓				✓		53
Gänseblümchen	Gänseblümchen-Schnittlauchbutter	✓				✓		✓	✓	56
	Gänseblümchen-Kokos-dessert				✓			✓		56
	Wildkräuter- und Blüten-drink	✓				✓		✓		56

KRÄUTERBEISPIELE	REZEPTE	BEILAGE/BEIGABE	VORSPEISE	HAUPTGERICHT	DESSERT	FEINKOST	GEBÄCK	TO GO	PRÄSENTE	SEITE
Giersch	Grüne wilde Knödel		✓	✓						60
Gundermann	Wildkräuter-Crème-brûlée				✓					64
Hirtentäschel	Schollen mit Hirtentäschel-Gremolata		✓	✓						68
Knoblauchsrauke	Wildkräuter-Knabberstangen	✓					✓	✓	✓	72
Labkraut	Orangen-Wildkräuter-Vinaigrette					✓				77
	Wildkräuterquark	✓		✓				✓	✓	77
Löwenzahn	Spaghetti mit Löwenzahnsauce		✓	✓						81
Sauerampfer	Wilde Veggi-Burger		✓	✓				✓		84
	Chili-Burger		✓	✓				✓		84
Schafgarbe	Wildkräuterbraten			✓						88
Taubnessel	Wildkräuterschnitzelchen à la Saltimbocca		✓	✓						92
	Nessel-Focaccia	✓					✓	✓	✓	93
Vogelmiere	Grüner wilder Smoothie	✓	✓					✓		96
	Wildkräuterdips	✓				✓		✓	✓	96
Wegerich	Gebackene Wegerichblätter - Wildes Fingerfood	✓	✓							100
	Ultimativer Dip für Wildkräuterblätter	✓						✓	✓	100
Wiesenknopf	Wiesenknopf-Zaziki	✓						✓	✓	104
	Kartoffeldressing mit Wildkräutern		✓	✓		✓				104

WILDBEEREN UND NADELN	REZEPTE									
Wildbeeren	Klassische Bratensauce mal anders					✓				113
Vogelbeeren	Vogelbeerbutter	✓				✓		✓	✓	114
Wildbeeren	Fruchtaufstriche	✓			✓	✓			✓	114
Vogelbeeren	Gundermann-Trifle mit Vogelbeeren				✓			✓		115
Wildbeeren	Wildbeerenlikör					✓			✓	116
Nadeln	Waldparfait				✓					119
	Nadeln als besonderes Gewürz					✓			✓	120

SCHNELL NACHGESCHLAGEN

REZEPTE

BILDQUELLEN

Alle Foodfotografien stammen von Svenja Mattner-Shahi (www.klaraida.de) und alle Naturfotografien stammen von Frank Hecker (www.naturfoto-hecker.com) mit Ausnahme von:
blickwinkel/F. Hecker:S. 119 M.; blickwinkel/D. Maehrman: S. 119 o., 119 u.; Aleninaz/Shutterstock.com: S. 113; Baragis/Shutterstock.com: S. 35; kapichka/Shutterstock.com: Titelbild; mauritius images: S. 102; MIROFOSS/Shutterstock.com: S. 51; Rechenburg, Liesa: S. 34, 46, 70, 91; simona pavan/Shutterstock.com: S. 30; weha/Shutterstock.com: S. 26. Die Icons und Schmuckelemente stammen von Susanne Junker (www.redsign.de).

IMPRESSUM

Die in diesem Buch enthaltenen Empfehlungen und Angaben sind von den Autorinnen mit größter Sorgfalt zusammengestellt und geprüft worden. Eine Garantie für die Richtigkeit der Angaben kann aber nicht gegeben werden. Autorinnen und Verlag übernehmen keine Haftung für Schäden und Unfälle. Bitte setzen Sie bei der Anwendung der in diesem Buch enthaltenen Empfehlungen Ihr persönliches Urteilsvermögen ein.

Der Verlag Eugen Ulmer ist nicht verantwortlich für die Inhalte der im Buch genannten Websites.

Anmerkung zur Schreibweise (Gendering): Gendergerechtigkeit und Inklusion sind bei uns gelebte Praxis – bei der Auswahl unserer Themen, bei der Recherchearbeit, in der Gestaltung. Unsere Texte meinen alle. Damit unsere Inhalte jedoch gut lesbar bleiben, verzichten wir in diesem Werk auf die jeweilige Mehrfachnennung oder Anpassung der Schreibweise bestimmter Bezeichnungen an die weibliche, männliche oder diverse Form.

Bibliografische Information der Deutschen Nationalbibliothek

Die Deutsche Nationalbibliothek verzeichnet diese Publikation in der Deutschen Nationalbibliografie; detaillierte bibliografische Daten sind im Internet über http://dnb.d-nb.de abrufbar.

Wollgrasweg 41, 70599 Stuttgart (Hohenheim)
E-Mail: info@ulmer.de
Internet: www.ulmer.de
Konzept: Christine Hutschenreuther
Projektleitung: Helen Haas
Lektorat: Sabine Drobik
Herstellung: Katharina Merz, Sophia Roman
Umschlaggestaltung: Michaela Mayländer, Stuttgart, www.sistermic.de
Gestaltung und Satz: Susanne Junker, www.redsign.de, Stuttgart
Reproduktion: time:ray, Jettingen
Druck und Bindung: Westermann Druck, Zwickau
Printed in Germany

ISBN 978-3-8186-1642-7

MIX
Papier aus verantwortungsvollen Quellen
FSC® C110508
FSC
www.fsc.org